生态文明视野下的环境心理学应用研究

程麟　张玲　著

中国水利水电出版社
www.waterpub.com.cn
·北京·

内 容 提 要

近年来，环境心理学越来越重视从生态文明的视角，为环境建设的社会实践提供咨询和服务，以确保环境的健康可持续发展。

本书内容涵盖了关注生态与生态危机、人在生态系统中的角色冲突、生态文明视野下的环境保护与环境道德建设分析、领域性与环境设计及个人空间与环境设计等。

本书内容全面系统，结构清晰，逻辑严谨，能够帮助人们在进一步增强环境意识的同时，更好地了解、适应、改造、保护和利用环境，为自身造福。

图书在版编目 (CIP) 数据

生态文明视野下的环境心理学应用研究 / 程麟，张

玲著 . -- 北京 : 中国水利水电出版社，2018.8 （2024.1重印）

ISBN 978-7-5170-6684-2

Ⅰ . ①生… Ⅱ . ①程… ②张… Ⅲ . ①环境心理学 –

研究 Ⅳ . ① B845.6

中国版本图书馆 CIP 数据核字（2018）第 171297 号

书　名	生态文明视野下的环境心理学应用研究 SHENGTAI WENMING SHIYE XIA DE HUANJING XINLIXUE YINGYONG YANJIU
作　者	程 麟 张 玲 著
出版发行	中国水利水电出版社 （北京市海淀区玉渊潭南路 1 号 D 座　100038） 网址：www.waterpub.com.cn E-mail：sales@waterpub.com.cn 电话：（010）68367658（营销中心）
经　售	北京科水图书销售中心（零售） 电话：（010）88383994、63202643、68545874 全国各地新华书店和相关出版物销售网点
排　版	北京亚吉飞数码科技有限公司
印　刷	三河市元兴印务有限公司
规　格	170mm×240mm　16 开本　17.25 印张　223 千字
版　次	2018 年 10 月第 1 版　2024 年 1 月第 2 次印刷
印　数	0001—2000 册
定　价	81.00 元

前　言

　　环境心理学兴起于 20 世纪 60 年代初的北美洲, 20 世纪 70 年代以后兴起了应用心理学的分支。20 世纪 80 年代以来, 随着能源和技术对人们生活的影响越来越大, 心理学的焦点也发生了变化。此后, 由于国际交往频繁、区域冲突加剧, 对环境、犯罪和文化的研究成为一个新的研究课题。环境心理学主要研究环境与心理之间的关系, 并揭示人类在各种环境下的心理活动和心理发展规律。早期环境心理学研究的一个显著特点就是关注物理环境, 随着社会的不断发展, 人类面临的环境问题表现得越来越突出, 要求研究者把注意力转向更加广泛的宏观环境。目前, 国内外学者对环境知觉、环境态度、环境认知、环境危害等方面进行了大量的研究, 从而有目的地调整有关建筑设施、听觉环境等设计方案, 为优化人类生存环境做出了贡献。从近年来发展的角度来看, 环境心理学越来越重视为环境建设的社会实践提供咨询和服务, 以确保环境的健康可持续发展。为此, 特撰写了《生态文明视野下的环境心理学应用研究》一书。

　　本书共包括八章内容, 第一章为绪论, 涉及生态与生态危机、人在生态系统中的角色冲突以及生态文明视野下的环境保护与环境道德建设分析等内容; 第二章对生态文明视野下的环境认知进行了详细研究; 第三章系统分析了生态文明视野下的环境心理学理论和研究方法; 第四章对生态文明视野下的环境知觉与环境态度进行了详细探究; 第五章详细论述了生态文明视野下的环境危害与环境行为; 第六章对生态文明视野下的私密性与环境设计进行了详细分析; 第七章对生态文明视野下的领域性与环境设计进行了深入研究; 第八章详细阐述了生态文明视野下的个人空间与环境设计。本书内容全面系统,结构清晰,逻辑严谨,语言简练,还注重知识性与实践性、学术性与可读性的结合。相信本书的出版,能够帮助人们在进一步增强环境意识的同时,更好地了解、适应、改造、保护和利用环境,为自身造福。

　　本书在撰写过程中,参考了环境心理学方面的相关著作,也对国内外大量的研究成果进行了参阅、吸收和采纳,在此向这些学者致以诚挚的谢意。由于时间、水平与精力有限,本书难免存在一些不足之处,恳请广大读者批评指正。

作　者

2018 年 4 月

目　录

第一章　绪　论

20世纪六七十年代,人类开始认识到环境问题的存在。1972年,罗马俱乐部发表了著名的《增长的极限》,对人类滥用自然资源、破坏生态平衡和毁灭地球的行为发出警告。几十年过去了,环境问题非但没有缓和反而不断加剧,并从资本主义国家扩展到全世界。温室效应、全球气候变暖、北极冰层消融、臭氧层破坏、生物多样性减少、酸雨蔓延、森林锐减、土地荒漠化、大气污染、淡水资源枯竭、海洋污染、固体废弃物越境转移等一系列环境问题成为全球性的生态危机问题。

第一节　生态与生态危机

一、生态

（一）生态学与生态系统

生态学(ecology)是来自希腊字"Oikos"和"Logos"。"Oikos"是栖息地或家庭的意思,暗含了动物与其栖息地、人与其生存环境之间的关系以及生活环境的整体意义和系统。"Logos"有学科和研究的意义。博物学家海克尔(Ernst Heinrich Haeckel)在1866年将希腊文中"Logos"和"Oikos"拼在一起,便出现了"生态"一词。在海克尔的生态学中,各种各样的物种与它们的生存环境和其他物种是相互影响的。从字面上讲,生态学是研究生物居住地的科学,强调生物与其栖息地之间的关系。这个定义包括在韦氏词典(第十版)作为一个标准的定义。

奥地利理论生物学家、系统论的创始人 L. V. Bertalanffy 提出了"系统"一词。他认为,系统是相互联系在一起的元素的综合体。Bertalanffy 将整个有机体和环境作为一个系统,把系统应用于生态学、物理学和其他学科,并把生物和生命现象的有序性和目的性同该系统的结构稳定性联系起来。1935 年,生态系统的概念由英国植物学家 Tansley 在前人工作的基础上提出。Tansley 认为,生态系统的基本概念是物理学中的"系统";总体而言,该系统不仅包括有机复合物,也包括复杂环境的物理因素的形成,并强调生物的多样性和各种环境因素之间的关系。生态系统具有一定的结构和一定的边界。生物体在生命活动过程中从环境中获取生命所需的物质和能量,并将某些物质和能量释放到周围的环境中。不同的生物体通过各种关系联系在一起。环境中的各种因素也相互影响,相互制约。因此,生态系统可以理解为一个区域(空间)上所有生物和环境从上到下的相互作用,它具有能量转换、物质循环和信息传递的统一。

1875 年,奥地利地质学家修斯提出了"生物圈"一词。生物圈是地球的一部分,在长期的进化过程中,地球的大气、水圈、岩石圈在不同的圈层形成。在地球的表面,大气、水圈、岩石圈这三方面相互重叠、相互渗透、相互作用,形成了适宜居住的环境。三个圈所提供的物质和太阳辐射能量保证了生物的生存和发展,同时在发展过程中,都在不断地改变每层的组成和性质。生物圈也叫生态圈,大约 23 千米以上的地平面,低于海平面约 11 千米所有的范围都属于生物圈。

生态系统可能包含不同范围和不同层次,或者说,只要生物群体及其环境相统一,它们就可以被看作一个生态系统。在地球上,大气、水圈、土壤岩石圈的相互作用形成适合生物的环境,环境和生存在环境中的生物圈组成了地球表面最大的生态系统。

生态系统是一个动态的、平衡的有机整体,人类本身就是整个地球生态系统中的生物物种。在 20 世纪 80 年代初,中国著名的生态学家马世骏提出生态学是"一个经济的概念,一个自然复合生态系统"。他认为生态学是研究生命系统与环境系统相互关系的科学。他指出,可持续发展的实质是以人为主体的生命与其栖息劳作环境、物质生产环境和社会文化环境之间的协调发展,共同构成一个社会、经济和自然的复合生态系统。

生态系统由生物群落和非生态环境两部分组成,它分为四个基本组成部分,即无机环境、生产者、消费者和分解者。生产者是自养生物,自养生物可利用无机物质制造有机物,主要是绿色植物。它们都能将环境中的无机物合成有机物,且以化学能的形式将环境中的能量固定到有机体内。消费者指直接或间接以绿色植物有机物作为食物来源的异养生物,主要是动物和寄生生物。分解者又称为还原者,主要是细菌、真菌和其他微生物。分解以动物、植物的残体和排泄物中的有机物质作为维持生命活动的食物来源,将复杂的有机物分解成简单的无机物循环往复回归环境,供生产者吸收再利用。无机环境是生物体赖以生存的物质和能量的来源和活动场所,它主要指阳光、空气、水、风、土壤、岩石等。

（二）生态学的法则

巴里·康芒纳在其《封闭的循环——自然、人和技术》一书中,形象地称生态学是有关地球家政的科学。他用一个生动的例子描述了生态学的四个原则,这些规律对基于生态学原理分析人类认知和行为对生态系统的影响具有重要意义。

1. 生态学的第一条法则:每件事物都与其他事物相关

在生态系统中,每件事物都与其他事物相关。由于系统的反馈能力,生态系统得以稳定。生态网络的复杂性、能量的流动和物质的循环决定了它所能承受的外部压力的大小和时间的长短。然而,反馈能力是有限的,一旦超出系统的生态阈值,系统将会崩溃。生态网络是一个放大器,一个小的混乱部分,将有一个巨大的、广泛的、延续久远的影响。

例如,在加拿大的动物狩猎史上,兔子和山猫的数量几十年为一个转折点。当生态系统中存在大量的兔子时,山猫的繁殖速度也会明显加快,越来越多的山猫对兔子种群的影响越来越大,使其数量下降;当兔子的数量较少时,没有足够的食物来维持大量山猫的生存;当山猫开始死亡时,兔子的威胁相对较少,随后兔子数量开始增加,如此周而复始、循环往复。

这些变化成为简单循环的一个组成部分。在这种摆动系统中,如果摆幅超过平衡点,整个系统将崩溃,这样系统就不能再恢复正常水平。假设在循环中山猫把兔子吃得只剩下一只,那么兔子的种群便无法繁殖。就这样,整个兔子系统崩溃了。

再如,如果水体富营养化使藻类迅速生长,藻类的密度过大从而影响光合作用,水藻群体由于不能进行光合作用无法存活。由于水体中藻层的增加,有可能造成光合作用的消亡和溶解氧的损耗,最后藻类死亡,只留下有机碎屑。随着有机物含量的增加,降解过程消耗水中所含的氧,从而使水循环系统崩溃。

在水生生态系统中,生物生命的每一步都有相应的特征时间,这是以其存在的有机质的新陈代谢和再生速度为基础的。新一代鱼类的产生可能需要几个月,新一代藻类的生成可能只需要一天,而腐烂细菌的繁殖只需要12个小时。如果鱼的代谢率是1,藻类的代谢率大约是100,细菌的代谢率大约是10 000。

生态系统的各种反馈特性会导致生态系统的放大和增强。在食物链中,小鱼吃虾,大鱼吃小鱼,这样最大的有机体在食物链的顶端必然会聚集各种环境物质。一个小的有机体比一个大的有机体有更高的新陈代谢率。因此,食物链顶端的动物必须依靠大量生存在食物链的底部的有机物为生,这样,食物链底部有机物中的代谢产物就富集在食物链顶端的动物体内。如果土壤中含有为1个单位浓度的DDT,生活在该土壤中的蚯蚓体内的浓度大约是10～40个单位,当山雀以蚯蚓为食时,山雀体内的DDT

浓度高达 200 个单位。

2. 生态学的第二条法则：万物都必然有其去向

生态学第二定律强调了自然界一切事物都是有用的，都有其必然的去向。在每一个自然生态系统中，有机物作为废物排出的东西被另一种有机物作为食物吸收。动物排放的二氧化碳是一种呼吸废物，是绿色植物所需的一种基本营养素。植物排出氧气供动物使用。动物的有机肥料滋养着能引起腐烂的细菌。它们所产生的如硝酸盐、磷酸盐和二氧化碳等废物都是藻类的营养物质。

而人类技术生产的许多产品最终成为地球上多余的东西。它们从一个地方迁移到另一个地方，从一个分子形态迁移到另一个分子形态，一直生活在一种任意有机体的生命过程中，在某个有机体中隐藏了一段时间。水银电池用完后，一个含水银的电池被扔进垃圾箱，垃圾被送到焚化炉。电池通过焚烧转化成汞蒸气，并从焚化炉的烟囱中喷出来。有毒气体被风带走，最后被雨雪送到地面，掉进了湖里。水银会被湖里的鱼吸收，但它不能进入新陈代谢。它只会在鱼的器官和肌肉中堆积。鱼将被人类吃掉，水银将被储存在人体器官中，它会在这里造成伤害。当前环境危机的主要原因之一是大量物质已成为地球上多余的东西，它们以一种新的形式进入环境。这样，大量有害物质积聚在不该存在的地方。

3. 生态学的第三条法则：大自然最内行

生态学的第三条规律强调非天然产生的、人工的有机化合物对生态系统是非常有害的。

整个生物圈生态系统是一个复杂的系统，是经过较长时间的演化而来的。整个共生结构是由地球生态系统的组成部分组成的。在漫长的进化过程中，不可能与整体共存的安排将被消除。这样，一个现存的生物结构，或一个已知的自然生态系统的结构，似乎是"最好的"；作何人为的重大改变，都可能对该系统产生危害。

每一种有机物质都是由一种活的有机体产生的,所以,在自然界的某一时间,就存在一种酶可以分解这种物质。事实上,除非采取必要的降解措施,再循环得到加强,否则不会合成有机物。因此,当一种新的人工合成有机物在分子结构中合成时,由于这些类型的有机物在自然界中发生了很大的不同,所以它是一种可能性,不是降解酶,无法被分解。自然界中不能被降解的化学物质,如合成洗涤剂、杀虫剂和除草剂等所造成的环境事故是"大自然最内行"强有力的证据。

4. 生态学的第四条法则:没有免费的午餐

和经济学一样,在生态学中,这条规则警告人们,人类的每一次收获都要付出一定的代价。地球的生态系统是一个相互关联的整体,在整个体系中,没有任何东西可以得到或失去。它不受所有改进措施的约束。任何通过人的力量提取的东西都必须放回原处。当前的环境危机警告人们,我们拖欠的时间太长了。

在自然生态系统中,微生物担任分解的角色,它可以分解由天然材料生产的有机产品,但一些人工合成的化学物质很难通过微生物分解。

清洁剂和肥皂在使用后随水排出的残留物,会对自然环境产生不同的影响。肥皂是用碱制成的一种天然脂肪产品,肥皂在使用后与水一起排放到环境中,很快就会被微生物分解。洗涤剂是人造的化学合成产物,是人类技术发明的产物。但与此同时,人类因此付出了沉重的环境代价。一方面,洗涤剂生产过程中造成的污染远远高于生产肥皂造成的污染。另一方面,洗涤剂不是由天然材料制成的,而是一种合成化学物质,所以微生物很难分解洗涤剂。洗涤剂中含有的化学成分会引起水体富营养化污染,造成水华,破坏水生态系统平衡,造成环境灾难事件。

二、生态危机

（一）生态危机的概念

所谓"生态危机"，是指由于人类的不合理开发利用，造成人类生存和发展的自然环境或生态系统结构和功能被破坏，生态环境退化，生态系统严重失衡。目前，生态问题已成为全球共同关注的问题，各国生态危机的根源和危机程度各不相同。在中国，空气污染、水土流失、物种濒危、河流污浊等情况突出，更严重的是，这一切还在不断地恶化中。

生态危机不是自古就有的，也不是凭空产生的。生态危机的产生有着深刻的历史根源。通常认为，人类自身的物质需求和认知层面欲统治与主宰自然是造成世界日益严重的生态危机的两个主要原因。从人类自身的物质需求方面来看，为了生存和发展，向自然界索取是不可避免的。但是如果索取无度，超出自然界的承载能力，那等待我们的只有矛盾和危机了。

（二）生态危机的表现

到目前为止，人类生存的环境已经受到威胁，主要表现为全球变暖、臭氧层破坏、酸雨、水资源危机、资源和能源紧缺、森林锐减、土地沙漠化、物种灭绝、垃圾泛滥、有毒化学污染等。

1. 全球变暖

近 100 年来，全球平均气温经历了冷—暖—冷—暖两个循环周期，全球气温总体呈上升趋势。20 世纪 80 年代以后，全球气温显著上升，1981—1990 年间全球平均气温比 100 年前上升了 0.48℃。全球变暖的主要原因是近一个世纪以来人类大规模使用化石燃料（如煤、石油等），大量排放二氧化碳和其他温室气体。这些温室气体对来自太阳辐射的短波具有高度的透过性，高度吸收地球反射的长波辐射,也就是常说的温室效应,造成全球变暖。全球变暖的后果将重新分配全球降水,造成冰川和永冻消融以及海平面上升,这不仅损害了自然生态系统的平衡,而且威胁到人类的粮食供应和生活环境。

2. 臭氧层破坏

臭氧层存在于地球大气层近地面约 20 ~ 30 千米的平流层里,其中臭氧含量占这一高度气体的 1/100 000。虽然臭氧浓度极小,但具有很强的紫外线吸收功能,因此,它能阻挡太阳紫外线辐射对地球生命的伤害,保护地球上的所有生命。然而,生产和生活所排放的一些污染物,如氟氯烃化合物、氟溴烃类等化合物等,它们受到紫外线的照射后可被激化,形成活性很强的原子,这些原子与臭氧层的臭氧(O_3)作用,使它变成氧分子(O_2),使臭氧层遭遇破坏。到 1994 年底,南极上空臭氧层破坏已达 2 400 万平方千米。南极上空的臭氧层形成于 20 亿年前,但在一个世纪内被破坏了 60%。北半球的臭氧层比以往任何时候都要薄,欧洲和美国北部的臭氧层平均比西伯利亚减少了 10% ~ 15%,有些地方甚至减少了 35%,因此科学家警告说,地球上空臭氧层的破坏程度比大多数人想象的要严重得多。

3. 酸雨

酸雨是 pH 值小于 5.6 的酸性降水,空气中二氧化硫(SO_2)和氮氧化物(NO_x)等酸性污染物会引起酸雨,酸雨会造成土壤和湖泊酸化,植被和生态系统被破坏,建筑材料、金属结构和文物被腐蚀等一系列严重的环境问题。20 世纪五六十年代初,欧洲北部和中部首次出现酸雨,当时北欧的酸雨是由中欧工业酸性气体迁移导致的,20 世纪 70 年代以来,为了控制空气污染,许多工业化国家采取了多种措施,其重要措施之一是提高烟囱的高度,虽然这个举措明显改善了当地的空气质量,但又出现一个新的问题,污染物飘到其他地区或者飘过国界进入邻国,形成了跨地区酸雨或者跨国酸雨。此外,由于全球矿物燃料的使用逐年增加,也使得受酸雨危害的地区进一步扩大。世界受酸雨危害严重的地区有：欧洲、北美洲和东亚。在 20 世纪 80 年代，酸雨主要发生在中国的西南部。到 20 世纪 90 年代中期，它已发展到扬子江南部、西藏高原东部和四川盆地的广大地区。

4. 水资源危机

虽然地球表面的 2/3 是被水覆盖的，但是这些水有 97% 是不能饮用的海水，淡水含量不足 3%，3% 的淡水中又有 2% 储存在极地冰川中，在仅有的 1% 的淡水中，工业用水占 25%、农业用水占 70%，只有一小部分作为饮用水和其他生活用水。然而，在这样一个缺水的世界里，水被滥用、浪费和污染。此外，区域分布不均，造成世界缺水现象十分普遍，全球淡水危机日趋严重。目前，世界上有 100 多个国家和地区缺水，其中 28 个国家和地区被列为严重缺水国家和地区。预计再过 20 ~ 30 年，严重缺水的国家和地区将达到 46 ~ 52 个，缺水人口数量将达到 28 亿 ~ 33 亿。我国 500 多座城市中，有 300 多座城市缺水，每年缺水量达 58 亿立方米，据统计，我国北方缺水区总面积达 58 万平方千米，这些缺水城市主要集中在工业型城市、华北、沿海和省会城市。世界上任何生物都离不开水，与其说是水，不如说是生命之源。然而，随着地球上人口的迅速增长和生产的快速发展，水变得比以往任何时候都宝贵。一些湖泊和河流干涸，地下水枯竭和湿地丧失，不仅对人类的生存造成严重的威胁，而且许多生物都随着河道干涸、湿地干化、生态环境恶化而消亡。许多河流，如美国的科罗拉多河、中国的黄河，昔日奔流不息的壮丽景象都已成为历史记忆。

5. 资源和能源紧缺

资源和能源紧缺问题已经在全世界大多数国家甚至全球范围内出现，从目前的石油、煤、水、核能源发展形势来看，想要满足这种需求是非常困难的，因此，在新能源（如太阳能、核聚变电站、快中子反应堆电站等）开发利用尚未取得重大突破以前，世界能源供应日趋紧张。此外，其他不可再生矿产资源的储量也在减少，这些资源最终将消耗完。

6. 森林锐减

森林是地球生态系统的重要组成部分,地球曾经被 76 亿公顷森林覆盖,到 1976 年已减少到 28 亿公顷。随着世界人口的增长,对耕地、牧场、木材的需求日益增加,导致过度砍伐森林和开垦土地,森林遭到前所未有的破坏。据统计,世界每年约有 1 200 万公顷的森林消失,其中大部分是热带雨林,其对全球生态平衡至关重要。热带雨林的破坏主要发生在热带地区的发展中国家,特别是巴西的亚马孙热带雨林破坏情况最为严重,亚马孙森林居世界热带雨林之首,但到了 20 世纪 90 年代初,该地区的森林覆盖率减少了 11%,相当于 70 万平方千米,平均每 5 秒钟,就有一个足球场大小的森林被砍伐。此外,在亚太地区、非洲的热带雨林也正遭到严重的破坏。

7. 土地沙漠化

1992 年联合国环境与发展大会对荒漠化做了这样的定义:荒漠化是由于气候变化和人类经济活动等因素的影响,具有干旱灾害的半湿润地区、干旱和半干旱土地发生了退化。《联合国防治荒漠化公约》秘书处在 1996 年 6 月 17 日第二个世界防治荒漠化和干旱日发表公报指出:当前世界荒漠化现象仍在加剧。目前全球超过 12 亿人受到荒漠化的直接威胁,其中 13 500 万人在短期内有失去土地的危险,荒漠化不再是一个纯粹的生态和环境问题,而是演变为经济问题和社会问题,给人类带来贫困和社会不稳定。截至 1996 年,土地荒漠化已达 3 600 万平方千米,占总地球土地面积的 1/4,相当于俄罗斯、加拿大、美国和中国国土面积的总和。世界上受荒漠化影响的国家有 100 多个,尽管所有的人都在同沙漠化斗争,但沙漠化仍以每年 5 万 ~ 7 万平方千米扩大,相当于爱尔兰国土的面积。到了 20 世纪末,世界几乎失去了大约 1/3 的耕地。在当今许多人类的环境问题中,沙漠化是最严重的灾难之一,对农民来说沙漠化的威胁更为明显,沙漠化意味着他们将失去赖以生存的基础,即最基本的土地生产性消失。

8. 物种灭绝

物种即生物种类,到目前为止地球上生存着 500 万 ~1 000 万种生物,正常情况下,物种生成的速度与物种灭绝速度应是平衡的,但是,由于人类活动破坏了这种平衡,使物种灭绝速度大于物种生成的速度,据《世界自然资源保护大纲》估计,每年有数千种动植物灭绝,而且,灭绝速度呈现越来越快的趋势。世界野生生物基金会发出警告:21 世纪鸟类每年灭绝一种,在热带雨林,每天至少灭绝一个物种。物种灭绝将对整个生态系统带来严重的威胁,对人类社会发展带来的损失和影响是难以预料和挽回的。

9. 垃圾泛滥

人类每时每刻都在不停地、大量地产生垃圾,全球每年产生近 1 000 亿吨垃圾,然而,人类对垃圾的处理能力远远落后于垃圾的增加速度。特别是一些发达国家,已经陷入了严重的垃圾危机。美国被称为垃圾大国,其生活垃圾主要在表层土壤掩埋。在过去的几十年里,美国已经使用了超过一半的垃圾填埋场,30 年后,剩下的土地将被耗尽。中国的垃圾排放量也相当庞大,在许多城市,巨大的垃圾山,除了占用大量土地,而且还污染环境,特别是有毒有害的危险废物的处置问题(包括运输、储存),给生态环境带来了严重危害,所以垃圾处理问题已成当今世界面临的一个非常困难的环境问题。

10. 有毒化学污染

随着工农业的发展,每年都有 1 000 ~ 2 000 种化学品进入市场。由于化学物质的广泛使用,世界上的大气、水、土壤甚至生物都受到了一定程度的污染和毒害。甚至南极的企鹅也没有幸免。自 20 世纪 50 年代以来,涉及有毒有害化学品的污染事故日益增多。如果不采取有效措施,将会对人类和动植物以及整个生态系统造成严重危害。

总之,是否解决生态危机对每个人的切身利益至关重要。它关系到人类的生存,关系到经济的发展,关系到国家的健康发展和社会现代化的全面发展。要处理生态危机,就必须端正思想,端正态度,要做到有所为有所不为。解决生态危机是一项长期而艰巨的任务,需要我们的坚持、努力和团结。只有这样,才能摆脱生态危机,走向真正的可持续、和谐的社会现代化道路。

第二节　人在生态系统中的角色冲突

一、生态中心主义伦理中人与自然的关系

在人与自然的关系的研究中,主要有两种观点:一种观点是人类中心主义,环境社会学家称为人类例外范式(Human Exceptionalism Paradigm, HEP)或社会的主导范式(Dominant Social Paradigm, DSP);另一种观点是反人类中心主义(Anti-Anthropocentric),环境社会学家称为新环境范式(New Environmental Paradigm, NEP)或新生态范式(New Ecological Paradigm, NEP)。

人类例外范式在人类中心主义价值观的基础上,强调文化对人类社会的影响。这种范式认为人类的文化、技术和智力使人类成为独一无二的自然生物,人类与其他动物是不同的,文化的积累意味着进步可以无限期地延续下去,并使所有的社会问题,包括环境问题最终得以解决。主导社会范式认为,西方世界的思维模式是社会的主导模式,坚信科学技术的有效性,相信物质的丰富,支持资源、经济增长、消费和物质需求的无限发展。这种范式较少关注自然,是反生态的。

新环境范式或新生态范式是建立在反人类中心主义价值观基础上的。它强调环境因素对人类社会的影响和制约,认为社会生活是由许多相互依存的生物群落构成的,人类是众多物种中的

一个。全世界都是有限度的,所以经济增长、社会进步以及其他社会现象都存在自然的和生物学的潜在限制。德拉普认为没有价值的范式转移,就不可能解决环境问题。为了解决环境问题,公众应该改变价值范式,从人类中心主义价值范式转向生态中心主义价值范式。

肯特喀姆和摩尔认为,人类中心主义和生态中心主义是伦理扩展到两个性质的认知形式。在人类中心主义伦理学中,自然是值得考虑的,因为如何对待自然会对人类产生不同的影响。在生态中心主义伦理中,自然是因为自然具有内在价值。亲环境态度更多地与生态中心主义和人类中心主义联系在一起,与非环境因素联系较少。

（一）人类中心主义

人类中心主义亦称人类中心论。人类中心论观点的兴盛,是由三股力量驱动的:一是文艺复兴运动和理性主义思想的传播。欧洲文艺复兴高举人性,抛弃神性,完全确立了人的尊严、地位和价值,提倡人权,反对神权。文艺复兴运动使人的理性得到了高度的提升,强调了人的理性力量和人的主体能力。普罗太戈拉提出:"人是万物的尺度,是存在的事物存在的尺度,也是不存在的事物不存在的尺度。"普罗太戈拉的人是万物的尺度这个命题,提高了人的地位,贬低了上帝的角色。二是自然科学的发展。物理学、化学、天文学和生物科学的发展揭示了一种自然现象的成因,极大地提高了人类控制自然、改造自然、利用自然的能力和信心。培根认为:"人类需要了解自然以统治自然。"科学的真正目的是了解自然界的奥秘,以便找到征服自然的方法。三是工业领域技术革命的巨大成功。现代科技表明,人类具有巨大的征服和控制自然的能力,第一次技术革命中纺织机、蒸汽机的发明和改进;第二次技术革命中内燃机、电力的广泛使用;第三次技术革命中核能技术、空间技术、计算机技术、分子生物技术的开发和迅速扩张,标志着人类成功地实现了对自然力的控制和转换。人类的科学发明与创造,使得人类对自然界再没有崇敬之心,人的自我意识得到空前膨胀。面对自然,人类变得自负、自大、自以为是,自然界成为人类索取的对象,自然界存在的价值在于它只能满足人类的需要,人类中心主义成为这一时期的主导思想。

澳大利亚哲学家 J. 帕斯莫尔在 1974 年写了一本书名为《人类对自然的责任》。这是当代哲学家首次从传统哲学的角度对环境问题进行反思,也是现代人类中心主义的杰作。美国学者 G. 诺顿在 1988 年出版的著作《为何要保护自然的多样性》,是现代人类中心论新的代表作。

人类中心主义强调人的地位超越一切,人是宇宙的中心,一切以人的利益为出发点,以服务于人民的利益,人民的利益是唯一的出发点和目的,人与自然的关系,自然是满足和实现人的欲望和需要的工具等。这种环境价值源于两种哲学思维方式:人与自然的关系是主体与客体的关系,统治与被统治的关系,征服与被征服的关系,人是自然的统治者和征服者。第三版的《韦伯斯特新世界大辞典》对人类中心主义的解释是:它把人作为宇宙的中心事实或最终目的,按照人类的价值观来考察宇宙间所有事物的思维方式。于谋昌认为,"人类中心主义是一种认为人是宇宙的中心,其实质是一切事物都是以人为中心的,或一切以人为尺度的,为人类的利益服务,一切都是从人的利益出发的。"

从古代欧洲思想家的思想里可以追溯到人类中心主义观点的来源,亚里士多德指出:"生态中的低级单位的出现是为了高级单位的存在,比如植物的存在就是为了动物的降生,其他一些动物的存在又是为了人类而生存,还有养动物是为了便于使用和作为人们的食品,绝大多数野生动物都是作为人类的美味,为人们提供各种衣物以及各种器具而存在。如若自然不造残缺不全之物,不做徒劳无益之事,那么它是为人类而生了所有动物。"

现代西方哲学将人类中心主义哲学观发挥到了极致。笛卡儿认为,动物没有思想,没有感情,因此不能受到伤害,也不会感到痛苦;人有头脑,人是"自然的拥有者和主人"。英国哲学家洛克认为,对自然的否定是通往幸福之路。康德是德国古典哲学的代表,他提出人是目的,永远不可把人用作手段。

（二）非人类中心主义

非人类中心主义又称非人类中心主义或反人类中心主义。在人类发明科学技术和改造自然的同时,也带来了严重的生态环境问题。20世纪70年代,来自罗马俱乐部的一系列研究报告显示,世界面临着可怕的生存状况。人们开始重新思考人与自然的关系。

人与自然和谐相处的思想已被很多人提出,古希腊哲学家赫拉克利特曾说,听大自然的话。现代非人类中心主义出现于20世纪70年代,是对人与自然关系的新认识。非人类中心主义的主要理论是彼得·辛格的动物权利理论的功利主义,汤姆·里根的非功利性的动物权利论,阿尔贝特·施韦泽提出了"敬畏生命"的观点,保罗·泰勒提出的尊重自然的生态中心论,奥尔多·利奥波德的"土地伦理"思想,霍尔姆斯·罗尔斯顿的"自然价值论",阿伦·奈斯的深层生态学思想。

关于人与自然和谐统一的关系,在中国古代思想家的言行和著作中常有体现。中国古人推崇"天人合一""天地人和""赞天地之化育""与天地参"。在土地问题上,提倡"土地为本""地德为首";在水和森林问题上,倡导"儆山泽""养山林"。在如何看待人与自然的关系,庄子将其诗意地描述为"天地与我并生,而万物与我为一";荀子主张"万物皆得其宜,六畜皆得其长,群生皆得其命";宋代张载提出"民吾同胞,物吾与也"的"民胞物与"思想。

当代对非人类中心主义的研究,如马永庆认为,人与自然关系中的道德问题,是人与自然关系的反映,是把握人对自然的道德责任的基础和前提。人与自然的关系,必须承担一定的道德责任,主要包括:改造与维持的关系、获取与贡献的关系、使用与尊重的关系。人与自然关系的道德规范和原则是:可持续生存与可持续发展原则、平衡和谐原则、公平原则。一些学者还提出,从科学发展观的视角,探讨人与自然的关系,从理论上克服西方人类中心主义与非人类中心主义的争论,在实践中实现人与自然的和谐发展。许素菊等认为,"主客二分"思维方式指导下的发展逻辑导致了全球生态环境危机,造成了自然主体的遮蔽和人主体的丧失,提出政策为解蔽现代文明——建设自然和人类双主体,确定人与自然建立主体平等的地位,解决人与自然之间的矛盾和冲突。罗亚玲和其他一些人认为,非人类中心主义试图约束人的滥用和破坏自然,建立非人类中心的道德地位。这一理论在一定程度上揭示了环境问题产生的原因和传统伦理在解决环境问题中所面临的困难。但是所有的非人类中心主义理论都不是作为人类存在的非伦理状态,而是提供了充分的本体论证明,而从生态伦理中推断出的科学结论,却没有看到人与自然的关系将归于人。如何把人与自然的对立关系转化为人与自然的统一与和谐,是解决人类面临的生态环境问题的关键。

二、人在生态系统中的双重角色

人在生态系统中扮演着双重角色,第一个角色:人是生物圈的一员;第二个角色:人是地球生态系统中的一个物种。人与自然界的关系相互影响、相互作用。人与自然界的关系也就是人与地球生态系统的关系,一方面体现为人类的存在与行为对自然界的影响与作用,人需要从自然界索取生存所需要的资源与空间,享受自然生态系统提供的服务功能,同时人类会向自然界排放废弃物等;另一方面自然界对人类会产生影响与反作用,包括地球资源环境对人类生存发展的制约,自然灾难、空气污染、生态退化对人类的负面影响。在奥德姆的生态系统模型中,早期人类作为食物网中的末端异养生物,即顶级捕食者和杂食动物。

奥德姆指出,人类为了满足自己的直接需要,对改变物理环境比其他生物更感兴趣。然而,在改变环境的过程中,人类越来越具有破坏性甚至毁坏性。因为人类是异养性的和噬食性的,接近食物链的末端,无论人类有多么高超的技术,依然保留着对自然环境的依赖性,从空气、水和食物,我们称之为'生活资源'着眼,大城市仍然是生物圈的寄生虫而已,城市越大,对周边的自然环境需求就越大,从而对周围环境的损害威胁也就越大。到目前为止,人类都忙着征服自然,而很少考虑调整由于人类在生态系统中的双重作用——操纵者和栖居者——而产生矛盾。

奥德姆认为,人在生态系统中扮演着双重角色,一方面是消费者角色,另一方面是操纵者角色。他的观点比较全面地、辩证地说明了人类在生态系统中的地位和作用。

（一）人是生态系统的消费者

从最大的生物圈体系来看,人是生物圈的一个物种。大约300万年前,人类通过劳动与猿分离,形成了所有物种中最高级、最聪明的物种。在生物圈中,人类扮演着消费者的角色,也就是说,栖居者的一面。在生态学意义上,消费者指的是直接或间接利用绿色植物等有机物作为食物来源的异养生物,主要是动物和寄生生物。在自然生态系统中,人类是寄生虫,自然是宿主。人类作为自然栖居者,消耗自然资源,依靠自然资源生存。人们需要白天的阳光和夜晚的天空。人类需要干净的空气、水、土地和岩石。人类需要森林的安全,也需要广阔草原的自由。植物、水果和动物也是人类赖以生存的东西。作为一个物种的生物圈,人类具有一般生物共同的本性,遵循自然生长的规律,使物质和能量的交换和环境之间的密切关系,相互影响、相互作用,受到生物学一般规律的制约,所以人类的行为必须遵循生态规律,不能违背自然规律。人类是生态系统的消费者,没有人类自然可以继续存在,但人类失去自然就无法生存。

（二）人是生态系统的经营者

人类具有自然人和社会人两面性。人的生存环境不仅是自然环境，还有社会环境。在工业革命之前，人们是自然生态系统的一部分，而不是脱离自然生态系统。然而，随着化石燃料和核裂变的使用，以及城市增长和货币市场的经济增长，工业社会的现代城市不仅影响和改造自然系统，也产生了新的生态系统模型，即人类技术生态系统。人类技术生态系统也被称为"技术圈"，这一概念最初是由苏联学者提出的，认为"技术圈"是人类社会技术因素的总和，反映了技术因素在自然界中的作用。奈维用"整体人类生态系统"一词来描述工业社会（人类技术生态系统）整个生物圈的关系。

生物圈或自然生态系统是由生命系统、环境系统、生物群落和无机环境组成的一个功能系统。这是一个具有耗散结构的开放动态平衡系统。生态系统中的各种能量都严格遵循热力学第一定律和热力学第二定律来流动和转化。生命系统与环境系统之间的相互作用由外部能源即主要由太阳能来维护，在系统内流动、消耗和转换而形成反馈关系，使系统有序调整。自然生态系统是一种具有一定自我调节能力的系统。即使在一定的限度内，能量流和物质循环发生破坏性的变化，它也会逐渐恢复或走向新的平衡和稳定。

通过与微生物、动物、植物和无机环境相互作用形成的自然生态系统相比，人类技术生态系统是人类通过技术为人类生存和发展而建立起来的一种新的环境发明，具有鲜明的非自然、技术化和机械性的色彩。在人类技术生态系统中，人是生态系统的操纵者。作为生态系统的操纵者，人类社会经济生产活动也在不断地改变着环境。在现代社会，人类生存和发展的环境越来越依赖于人的技术生态系统。人类技术生态系统对无机和机械原理的影响大大超过了遵循有机自然节律的生物圈。在人类技术生态系统中,人类通过科学技术干预自然生态系统的过程已经超出了自然生态系统的自净能力和自我恢复过程。

三、人在生态系统中的角色冲突

（一）依附于自然与控制自然

人与环境的关系,本质上不同于其他生物,人是栖居者,也是操纵者。一方面,作为生态系统的栖居者、消费者和寄生者,体现了人对自然的依赖性。另一方面,由于人是生物圈中最高级的物种,人是生态系统的操纵者,体现了人的本性的控制欲。人类既要依靠自然,又要控制自然,这是两个相互矛盾的角色。人类在生态系统中的角色冲突就像环境经济学家科特雷尔所言,人类生活的两个世界,他所继承的生物圈和他创造的技术圈子已经失去平衡,这是一个深刻的矛盾。人类不是地球的主人,只是一个居住在地球和太阳系的旅行者,需要仰赖地球上的土地、水和空气生存。经过 20 万年的进化和发展,地球上的人口已近 70 亿,但为了支撑人类社会发展的经济成长,人类不断剥削地球资源,使自我的生存开始受到威胁。只有处理好这两个角色之间的关系,人类才能协调整个生态系统的行为,保持生态系统的相对稳定和动态平衡。生态平衡是生态系统的良好状态,是一个健康的生态系统。

现代城市是人类技术生态系统的重要组成部分。它是一个活跃的地区,需要大面积和低能量密度的自然和半自然的农村来维持。城市很少种植粮食作物,却产生大量的废物流入河流,影响下游的景观和海洋。城市出钱来支付一些自然资源,并成立许多农村地区没有的、好的文化机构。城市人类技术生态系统比自然生态系统需要的能量多 70 倍左右。从本质上讲,城市可以看作是寄生于低能量乡村的。自然界中的寄生虫如果从寄主身上摄取过多,它们都会死亡。但长期以来,人们过分强调操纵者的作用,夸大了主观能动性的作用。人类对自然的共同目标是"最大限度的获取"。自然被认为是取之不尽用之不竭的宿主。此外,自然对人类的服务被认为是无偿的、免费的和无须回报的。人类为了自己的利益,砍伐森林、开垦草原、围湖造田、乱捕滥猎等,破坏了其他物种生活的环境,引起了一系列的生态失衡。自工业革命以来,人类对自然生态系统的影响超出了生态极限,最终导致生态系统崩溃。人类面临生态危机是不可避免的。

人类的技术生态系统和自然生态系统是生态系统中的相互竞争和寄生。一个城市工业社会要在一个有限的世界中生存,人类技术生态系统必须处于一种更加积极互利的状态,与自然生命互相支持,保护生态系统,发挥好人类在生态系统中的双重角色和协调机械手作用。

（二）操纵者角色对消费者角色的毁灭

在生态系统中,人们生活在消费者的环节中。他们依附于自然,寄生于自然界。人类生存所需的一切能量和物质供给都来自自然,自然是人类的宿主。但是人类作为生态系统的操纵者,也在生产诸如清洁剂、塑料等对自然有害的物质。作为操纵者的人类的行为是破坏自然,伤害作为消费者的人类自身的角色。"良好的生态环境是人类福祉的先决条件",即使有良好的医疗设备,人类也不可能在极端恶劣的生态环境中生存。所以,当我们破坏自然环境的时候,我们也在毁灭自己。我们生活在一个焦虑的时代,科学技术的危险,资源的短缺,以及差异的普遍存在。世界上许多地方仍笼罩在战火中。第三世界数以百万计的人们饱受疾病和饥饿之苦。工业化国家的人们开始痛苦地意识到,他们的健康受到了自身污染和其他高科技副作用的损害。

蕾切尔·卡逊在1962年首次将公众的注意力放在环境污染与公共卫生之间的联系上。蕾切尔·卡逊说:"农药与环境疾病的分布在什么地方? 我们已经看到它们污染了土壤、水和食物,它们具有使得河中无鱼、林中无鸟的能力。人是自然的一部分,尽管他不愿承认。现在,这种污染已经在全世界范围内广泛传播了。人类能逃避污染吗?"在《寂静的春天》发表40多年之后,有毒化学物质仍然广泛应用于日常生活和工业生产中。

1.环境压力源

压力是指有毒气味、毒素以及生理和心理需求引起的毒性反应,这些也被称为应激源。应激源有以下几种类型。

环境压力源包括大气污染、交通、噪声、核事件、自然灾害等灾害事件。

生理压力源涉及疾病、衰老、感染性疾病、外科手术、营养不良等。

心理压力源,如丧亲之痛、失业、疾病诊断等。

人对外界环境的应激反应包括生理的和心理的成分。在人体的整个神经系统中,按其不同部位及功能分为两大系统:一为中枢神经系统,一为周围神经系统。周围神经系统包括躯体神经系统和自主神经系统。自主神经系统是由分布于心肌、平滑肌和腺体等内脏器官的运动神经元所构成,调节呼吸、心脏功能和其他生命支持机制,其运作不受个体意志所支配,所以称为"自主"或"自律",即按其自身的规律运行。自主神经系统又分为交感神经系统和副交感神经系统两大部分,两者之间在功能上存在着拮抗作用。交感神经系统通常在个体紧张而警觉时发生作用,副交感神经系统则常常使个体在松弛状态时发生作用。

所有的应激源都会激活人类自主神经系统的交感神经系统。交感神经系统的激活通常指的是战斗或逃跑的反应,即人的身体调动能量积累对威胁的反应。它可以解释,当人遇到急性压力源,如难闻的气味,会出现心跳加快和脸红。交感神经部分包括刺激一些腺体,这些激素释放出接近肾脏的激素。所以当闻到气味时,人会感觉肾上腺素的迅速增加。

人类自主神经系统借助于垂体—肾上腺轴与内分泌系统相连。人体压力反应的这一部分是由长期的慢性压力因素触发的,这种应激因子能刺激包括皮质醇在内的几种激素的释放。皮质醇的作用是抑制免疫系统(即免疫反应),使人在持续的压力下更易患疾病。当压力源停止时,人类自主神经系统的副交感神经部分变得活跃,以恢复能量和能量守恒。副交感神经刺激放松和消化,这解释了饭后疲劳或紧张的活动。

通过进化和发展的过程,能够应付压力反应就像剑齿虎追逐突然而明显的威胁。根据达尔文的理论,通过某种方法来避免危险(击退危险或排斥动物逃脱危险)的动物才能继续生存和繁殖,因此基因继承可以维持这种行为。其他动物不能传递它们不适应环境的基因。总之,动物物种的神经系统会突然爆发出强大的能量,以应对紧张的刺激。然而,现代生活的压力源一直存在着。心理学家指的是反复的日常干扰,如长期工作压力、拥挤、噪声和空气污染,作为背景压力源。这些现代城市生活的压力源并非十分严重,因此,压力反应将不再适应人类的环境。从人类祖先的生物特性来看,现代环境与人类祖先不匹配,这就解释了长期的压力和现代生活方式对人类健康可能产生有害影响的原因。

城市的空气污染、噪声、交通堵塞、拥挤的人口、密集的高楼,对于现代人来说,环境成为压力的来源,使人们在环境中处于应激状态。噪声会引起不愉快的情绪体验,例如焦虑、无聊和易怒。拥挤导致了人际冲突的加剧和城市暴力犯罪的增加。噪声也会降低儿童的学习能力和阅读能力。高层建筑导致"城市气候""热岛效应""自然灾害"和"科技灾害",使人感到恐惧、紧张、不安全和无助。这些都是影响人类心理健康的环境压力源。

2. 环境疾病

有毒有害的化学物质和它的气味是生理上的应激源,因为它会直接导致呼吸急速、恶心、呕吐和严重的中毒反应,如痉挛、失去意识和死亡。有毒有害物质也被认为是环境压力源,因为它们在我们生活和工作的环境中确实存在着。污染、工业化学物质和消费产品都是环境压力源的形式。医学界用"环境疾病"这一术语来描述与空气污染有关的各种过敏反应,有毒化学物质暴露(如核辐射暴露、石棉暴露、氧暴露等)引发的病症,以及"建筑物综合征"等。

建筑综合征主要是指一些症状或不适的出现,但没有明显的疾病。症状与建筑物或工作场所有关,症状通常在周末或下班后减少。建筑综合征的出现是环境条件和心理因素共同作用的结果。环境条件一般与通风条件、照明条件、散热条件和室内空气污染有关,心理因素与工作场所的工作压力有关,环境状况是建筑综合征最重要的原因。

环境污染引起的焦虑等心理因素也会产生与实际中毒相似的生理症状,如气短、头痛、恶心等生理反应。这些因素直接或间接地导致了抑郁症状,这些症状是由暴露在周围的有害金属或杀虫剂引起的压力感,以及对不能有效改善环境质量的悲观情绪造成的。

光污染对人体健康也有潜在危害。美国研究机构表明,人造光的危害不仅是强迫人类"做梦",而且会危及公共健康和野生动物的生长。在晚上,白色或蓝色光影响荷尔蒙分泌,扰乱生理节奏甚至形成肿瘤。过去 20 年的研究表明,夜班妇女更容易患乳腺癌,夜班可能增加男性患前列腺癌的可能性。人造光源也会对野生动植物造成伤害。许多食草动物在月光下吃得很多,人造光会使每个夜晚像月圆之夜一样明亮,这可能导致食草动物长时间不吃东西。同时,过多人造光也可能导致夜行动物行为紊乱。

哮喘是由过敏反应或空气污染引起的。它是环境压力源、生理压力源和心理压力源相互作用的结果。近年来,哮喘患者逐年增加,越来越多的人承受着哮喘发作的痛苦。"9·11"事件发生后,由于大量粉尘和粉尘中含有的大量工业化学品,那些在纽约世贸中心废墟中做救援工作的地面清洁工作人员和仍然生活在那里的当地居民中很多人患有严重的呼吸道疾病,如哮喘、支气管炎等。环境毒素造成的受害者数量远远超过恐怖袭击当天的死亡人数。

（三）环境污染对人类种族长期致命的影响

环境污染对人类的影响是潜在的、长期的和致命的。PBT（Persistent Bio-accumulative Toxin）是指有毒物质，包括工业放射性物质、汞、铅和农药等重金属的永久积累。这些物质可能通过杀死或破坏细胞，或间接改变内分泌或免疫系统的功能而直接导致疾病。发育阶段的神经系统更容易受到毒性作用的影响，影响人类的认知和行为。

由于汞被暴露，孕妇可能会生出因汞污染而导致学习障碍和其他神经系统问题的儿童。汞影响大脑在出生前后的发育，尤其是破坏或杀死神经元，导致认知发展障碍，如低智商、记忆力和注意力障碍、协调不平衡。在一些较严重的中毒病例中，也会出现智力低下和脑瘫。

虽然食用汞污染的鱼类是造成汞污染的最常见的方式，但汞在空气中也广泛存在，石油和动力驱动的飞机和城市垃圾焚烧炉的燃烧也释放了汞。在大多数地区，水银温度计仍在出售。因为人们在温度计的使用上漫不经心，粗心大意，所以在垃圾桶里会发现水银，然后流向供水系统。

许多PBT以工业化学品的形式，被用来加工副产品和放射性物质，不断污染空气、水和土壤。农业、家庭和园林常用农药中的许多活性物质含有PBT，我们吃受污染的动物或它们的副产品，如牛奶、奶酪和鸡蛋，从塑料包装到计算机终端，从中都能找到PBT。

在产前阶段，化学物质从母体的血液循环进入胎盘，影响胎儿的发育。母乳中的毒素含量远远高于母亲的血液，因此母乳喂养的婴儿消化了高浓度的毒素。婴儿接触到的PBT比成年人多，因为孩子们在地板上花费大量时间，他们来回地走着，呼吸着灰尘和残渣，他们接触到的灰尘是成年人的10倍。孩子暴露在环境中，把污染的物质吸入口中。也许更令人不安的是，许多儿童玩具也含有一种名叫邻苯二甲酸酯的添加剂，它可以使塑料更灵活。邻苯二甲酸二酯会导致生殖系统异常、生殖缺陷和癌症。环境毒素正在席卷全球,即使在地球两极最偏远的地区,人们也可以测出体内的 PBT 含量。

许多化合物如滴滴涕、多氯联二苯、农用化学制品,甚至常用清洁剂和塑料,都成为内分泌的破坏者。这些化合物一旦进入人体,在形态学、生理学、再生和生命历史特性方面改变了全部的光谱。肿块、畸形、再生方面的反常和存活率降低往往发生在化合物含量高的水域中长大的鱼鸟和哺乳动物身上。自 1940 年以来,男人精液量减少 50% 的现象遍及全世界。这主要归因于大量使用化学制品,以致影响到以肽激素和雌性荷尔蒙的分泌。一代人形成的内分泌紊乱也能遗传给下一代人。反映在婴儿身上的认识能力方面、肌肉运动方面和行为发展方面的障碍,不仅归咎于母体妊娠期间食用了多少污染鱼,也归咎于她一生中食用了多少污染物。

在一项结合许多研究成果的大型风险评估中,世卫组织对室外空气污染、吸烟、不安全饮用水和卫生设施的主要危险因素引起的疾病和过早死亡进行了全球比较。结果表明,从潜在和可预防的减寿角度来看,固体燃料引起的室内空气污染是世界上第十六大健康风险,在世界范围内造成 80 万 ~ 240 万人死亡。在发展中国家,估计燃烧固体燃料所造成的室内烟雾污染是导致死亡的第四大原因。与此同时,城市空气污染使世界上每年约有 80 万人早死。

第三节 生态文明视野下的环境保护与环境道德建设分析

生态文明建设是人类文明发展的必然趋势,是科学发展观的内在要求。中国共产党十八次全国代表大会以来,党中央、国务院高度重视生态文明建设和环境保护,并提出了创新、和谐、绿色、开放、共享的发展思路。《环境保护法》先后进行了修订,出台了大气、水、土壤污染防治行动计划,推进系统的环保体制机制改革创新,连续开展环保法实施年活动,保持环境执法高压态势。

一、生态文明视野下的环境保护

(一)环境保护运动的兴起

自20世纪50年代起的工业革命是西方资本主义国家环境严重恶化的阶段,也是一个工业发展和公共灾害泛滥的时代。洛杉矶光化学烟雾事件、伦敦烟雾事件、日本水俣病事件等环境问题层出不穷。美国海洋生物学家蕾切尔·卡逊1962年出版了一本名为《寂静的春天》的著作,这本著作成功地揭示了污染对生态环境的影响深度和程度,并提出了我们必须与其他生物共享地球,建立人与自然和谐关系的观点。然后,在西方发达国家,有大量的反污染、反公害的"环境运动"。西方资本主义国家的环保运动始于20世纪70年代,1970年4月22日,"地球日"游行在美国举行。这次游行是环境保护史上规模最大的群众运动。1972年6月5日,第一届国际环境会议,联合国人类环境会议在瑞典斯德哥尔摩召开。这是世界各国第一次讨论当代环境问题和探索全球环境保护战略的国际会议。会议通过了《联合国人类环境会议宣言》(简称《人类环境宣言》或《斯德哥尔摩宣言》)和《行动计划》,宣告"只有一个地球",人类与环境是分不开的。这是人类解决严峻而复杂的环境问题的一种清醒而理性的选择,是采取协调行动保护环境的第一步。它是人类环境保护史上的第一个里程碑。根据本次会议的精神,同年6月5日被定为世界环境日。

1974年世界环境日的主题是"只有一个地球",2016年世界环境日的主题是"为生命呐喊(Go Wild for Life)",中国的主题是"改善环境质量,推动绿色发展",旨在动员引导社会各界着力践行人与自然和谐共生和绿色发展理念,从身边小事做起,共同履行环保责任,呵护环境质量,共建美丽家园;2017 年世界环境日的主题是"人与自然,相联相生(Connecting People to Nature)",中国的主题是"绿水青山就是金山银山",旨在动员引导社会各界尊重自然、保护自然,自觉践行绿色生活,共同建设美丽中国。

（二）世界各国的环境保护措施

世界各国的环境保护措施多种多样,从不同方面引导人们节约能源,保护环境。

德国是实现工业发展和环境保护平衡的典范。随着德国人对环保和健康的日益重视,德国人衣食住行都讲环保,并不在意价钱高,吃的、喝的是有机食品,穿的用的是"生态纺织",纸张是可再生纸,用的有机化妆品、生态牙膏。"有机生活"已成为德国时尚生活方式。据德国联邦统计局统计,在 2007 年,80% 以上的德国人倾向于考虑"有机"因素。另一项调查显示,90% 的德国家庭在 2006 年购买了至少一种生态产品,并呈上升趋势。这使德国成为欧洲的"有机王国";德国的首都柏林是欧洲最大的工业中心之一,现在被称为"森林和湖泊之都";事实上,早在 20 世纪 70 年代,柏林也是一个高度污染的城市,许多工厂直接将工业废水注入莱茵河。当时,莱茵河被称为"欧洲最大的下水道"和"欧洲公共厕所"。1991 年 6 月,德国颁布了《废物分类包装法》和《循环经济法》,并于 1996 年 10 月正式实施。这两部法律的基本思想是实施环境保护。2006 年 5 月以来,根据法律规定,在超市购买饮料和矿泉水时要多收 0.15 ~ 0.25 欧元的"瓶子抵押费"。大件的旧家电必须送到专收处再做处理。同时,德国还配备了"环保警察",严格执行政府的相关环保法令。德国首都柏林是环境科学研究和环保技术开发的中心城市,有大量的企业开展与环境相关的活动,并以此营利。环境保护作为新兴产业,已经成为柏林经济新的增长点。柏林约有 100 家公司参与环境问题的分析与治理活动,约有 80 个生态机构(包括大学)和 45 个负责环境事务的公共行政部门。德国政府大力支持太阳能电力产业的发展,各地政府在太阳能发电项目上不惜投入巨资。德国政府的可再生能源法被认为是世界上同类法中最先进、最彻底的。巴伐利亚太阳能公园是目前世界上最大的太阳能公园。

日本政府大力提倡节约能源。2001年，日本实施了一部特定家用机器的《重新商品化法》。该法规定，对于任何家庭、企业报废的家用电器，家用电器生产企业都有回收利用的义务。居民可以通过电话预约，让环保部门上门回收大件物品。对于一些不可燃垃圾，日本政府在20世纪70年代就开始用它填海造地。这些用垃圾建造的新生地，都建成了美丽的休闲公园、防止水患的防堤坝等公共设施。例如羽田机场、迪斯尼乐园、东京湾中央的堤防工程等。日本政府大力推广太阳能，日本太阳能市场占有率仅次于德国。日本政府补贴普通家庭安装太阳能电池板，家中剩余的太阳能可以出售给电力公司。日本约有17万户家庭为电力公司提供能源。节能建筑材料已成为日本的热门产品，人们使用节能产品的比例也越来越高。日本企业抓住商机，开发出更多环保、舒适的节能产品。

以色列发展了节约型农业。在中东干旱的气候和严酷的自然条件下，只有20%的土地适合耕种，以色列农业不仅实现自给自足，而且成为农产品的出口国，创造了农业发展的奇迹。20世纪50年代，一个以色列农业工人可以为17个国民提供食物，而一个农业工人在2005年可以养活95个人。今天，以色列的农业人口仅占劳动力总人口的2.6%。以色列农业发展的关键是使用科学技术节约水资源，充分利用每一滴水。1948年以色列成立以来，农业产量增长12倍，农业用水量增加3倍。以色列滴灌技术在世界上处于领先地位。滴灌技术可使水资源利用率达到95%，与滴灌、施肥相结合在一起的"水肥灌溉"更先进，该技术可节约50%的水和80%的肥料。以色列的降雨量很小，他们使用特殊的机械在地上挖洞来收集雨水，甚至工业废水也是可利用的宝贵资源。经过净化的工业废水也用来浇灌农作物。为了收集每一滴水，农业技术人员还设计了收集露水的专用塑料板，并将塑料板放在植物上。木板上的小凹槽会使露水露出来,也会把它带到植物的根部。事实上,以色列一半的农业用水不依赖于淡水,而是来自低纯度的水和可循环利用的废水。

英国将实施"全国范围内的垃圾税"。垃圾箱中的芯片将自动称量每户家庭扔掉的垃圾,家庭将以此为依据纳税。这项政策是鼓励英国人回收垃圾,并为污染环境支付费用。环保官员认为,那些不回收的人相当于消耗了邻居的资源,他们的做法也会对气候变化产生影响,因此他们应该缴纳更高的地方税。

（三）生态文明视野下环境保护的策略

1. 环境教育与环境伦理观的培养

（1）早期社会化与环境教育

改变危害环境行为的最常见方式大概是教育活动。人们通常在广告栏上做宣传,或通过电视和广播进行宣传,即公益广告,还设计了许多教育计划旨在培养中小学生保护环境的行为。无论是反对乱扔垃圾,还是呼吁节约能源,采用教育的方法都很合适,既简便易行,又普及面广。教育活动的依据在于宣传使人更加关注环境问题,使人们改变态度,进而改变行为。

解决环境问题的困难之一是人们常常把环境问题看成工程师和物理学家以及其他的"硬科学",从本质来说,造成环境危机的原因是由于人类不遵守自然规律,然而,在寻求解决环境危机的方法上,人们还是忽视从社会、政治和心理因素上寻找根源,各级政府还不能有效地使用科学技术去处理环境问题。

人类的行为引起了环境问题,环境危机是由不良行为引起的危机,人类行为的改善可以扭转环境危机。通过环境教育和行为引导,可以有效地提高人们的环保意识和环保行为。社会化是指通过获取社会知识和社会经验,以及成为合格社会成员的过程,形成一定社会认同心理行为模式的过程。我们的环境行为取决于我们建立在儿童早期教育和社会化基础上的基本价值观和信念。不同时代对自然的不同态度,形成了不同时代人们不同的环境价值观。19世纪兴起的以人为中心的价值取向和以消费为导向的生活方式,是当代成人世界的基本价值取向和生活方式。要改变这一代人的价值观念和生活方式,要从早期社会化开始,对儿童开展环境教育,要让儿童在新的自然态度和生活方式中不断成长,建立一种新的价值观,从家庭、幼儿园、学校向儿童进行环境教育。在儿童价值观形成过程中,应充分接受生态环境知识的教育,使环境保护意识成为儿童价值观的主要内容。在未来的社会中,合格的社会成员必须是具有环保意识和环保行为的人。

1998年我国国家环保总局、教育部第一次对全国范围内的公民的环境意识做了调查,这是首次全国范围内样本量最大的调查,结果显示:中国的环境知识水平普遍偏低,年龄和环境保护知识水平成反比,一般青少年高于中年人,中年人高于老年人,中小学生在自然观、环境保护等方面的环境意识明显高于成人。青少年对社会化有积极的影响,青少年通过较好环境教育背景下的言行举止反过来影响他们的上一辈,反向社会化即传统受教育者反过来对施教者产生影响,将社会变革知识、价值观和行为规范的社会化过程传授给施教者。反向社会化影响着人们的生活方式和对自然的态度。即通过儿童青少年对其家长以及社会大众进行环境教育的"反哺",如孩子向家长宣传不吃青蛙等有益动物、节约地球水资源、空气和河水不是不花钱的"无偿资源"、大海和河流不是垃圾回收厂、"环境成本"、谁污染谁付费等环保知识。一个健康的环境,即清洁的空气、清洁的水、未受污染的土壤和干净的城市,是与良好的秩序和完善的教育同样重要的公共社会财富。让下一代从小懂得,保持健康的环境条件是人类生存的基本需要。尽管过去自然界曾经作为无偿的资源,但如今应纳入人类文明所必需的预算之中。

(2)通过环境教育,建立新的伦理道德观

1982年10月28日,联合国大会通过了《世界自然宪章》,它宣称:"任何形式的生命都是独一无二的,无论其对人类的价值如何,都应受到尊重;对于其他动物来说,尊重人类行为必须受到道德的支配。"要建立新的价值观,树立新的伦理道德观,我们应该把爱的原则延伸到动物身上,并认识到保护人类自身的好方法就是保护自然环境。

美国环境伦理学家霍尔姆斯·罗尔斯顿曾经说过:"大自然启示给人类的最重要的教训就是:只有适应地球才能分享地球上的一切。只有最适应地球的人,才能其乐融融地生存于其环境中。"在未来的教育中,培养适应地球的人、善待自然的人是我们的主要任务。

（3）促进可持续发展的生活方式,倡导绿色消费

可持续发展是 20 世纪 80 年代提出的一个新概念,是在全球环境和发展的基础上提出的。可持续发展是一种既满足当代人的需要,又不损害后代人满足自身需要的发展。为了继续为子孙后代提供资源,我们应提倡一种可持续发展的生活方式,如通过公共政策限制人们强烈的购买欲望,提高能源税,控制消费支出,提倡绿色消费,进行合理消费。

绿色购物的意义是购买和消费无害环境的产品,如可以在使用后回收的产品,使用最少或可重复利用的包装,由可生物降解原料制成的产品。携带布料购物袋逛超市,当我们购物时,可以选择环保的对环境造成较少危害的产品。

改变人类食肉的饮食习惯对环境保护也是非常重要的。当考虑选择对环境有利的食物时就需要考虑食肉的问题。因为对于食谷物和大豆的家畜而言,肉是一种能量不充分的食物形式。20 个素食主义者的进食总量只能养活一个肉食主义者。尽管肉能以一种环境持续性的方式生产,但当下不是。放牧导致的土地退化现已成为全球最严重的环境问题之一:美国 90% 的有机废水污染造成的危害可归因于家畜,并且家畜每秒钟能产生 250 000 磅的排泄物。这种污染破坏了河水中依靠家畜排泄物生存的鱼和贝类。因为家畜的饲养场如此不卫生,所以美国 55% 的抗菌素都被用在了家畜身上,这样就会把健康风险转加到吃家畜肉的

人类身上。美国男性食用红肉导致心脏病的风险是50%,而这种风险对于美国男性素食主义者而言只有4%。

（4）倡导东方哲学

在人类历史上,传统文化的力量支撑着人类理性。西方基督教与环境问题之间存在着内在的联系。基督教明确规定了人与其他生物之间的关系,即统治与被统治的关系。只有人是按照上帝的形象造的,上帝使人有支配地上一切事物的权利。在当今日益严峻的环境中,对基督教的最大挑战是肩负起生态保护的伦理责任。

中华民族有自己的文化优势,道家提出了万物平等等生态伦理思想,如庄子所说"号物之数谓之万,人处一焉",意思是如果我们将自然的一切说成一万件东西的话,那么人只是其中的一件。人类是地球上的普通生物。在人与自然之间的矛盾和冲突日益严重的今天,崇尚中国传统文化,将中国传统文化的态度和行为教于年轻一代,把诸如"天人合一"的宇宙观、中庸节制的取物观等传统文化发扬光大,成为西方人普遍接受的价值观和文化观念。让人们从中国文化的内涵中认识与自然和谐的本质,去思考人类漫长历史中的因果机制。

不同的文化概念构成了自然的基本概念,形成了不同的自然态度和行为。藏族采取朴素自然的生活态度和生活方式。人们的日常生活很简单,一壶茶,一碗糌粑或一块干牛肉或羊肉,就是长期的饮食;一件长袍,白天当衣服穿,夜晚当被子盖,一顶帐篷就是他们的家;牛羊的粪便是人们生命中不可缺少的燃料。这种朴素的生活被藏族人民视为一种正常的生活,对物质财富没有过度的贪婪,对自然的索取也很少,从而保证尽可能少地改变环境的原始性,使人与环境长期和谐相处。藏传佛教在西藏有广泛的群众基础,藏传佛教对自然神灵的尊重,提倡人们把财富交给如来佛祖,以获得佛陀的祝福。这种宗教信仰压抑了人们对物质财富的追求,减少了人们在自然环境中各种资源的开发,减缓了人类对自然环境的压力。

2.事前策略：行为前的干预

先行策略发生在所要改变的行为之前,通常有两种方法,一是改变态度,如在公共场所做环保的宣传,通过有说服力的消息来改变公众对环境的态度,这些策略的目的就是提醒人们关注环境。二是做提示,让公众明白如何做可以使他们的行为符合自己的态度,如"请分类丢弃废品""请节约用水"的提示牌。

（1）态度与行为

态度会影响行为,进行环境教育、宣传环保知识,目的在于培养市民的环保意识,建立环保态度,从而影响公民的环境保护行为,达到态度与行为的一致性,通过改变对环境的态度实现保护环境的行为。在密歇根的一个小村庄进行的一项研究表明,参加这项研究的志愿者收到了一些小册子,里面提倡减少资源浪费,把可回收容器装满,要重复使用铝箔,不要把物品包装得过于烦琐等。这项研究将受试者分成三组,第一组被告知是出于经济考虑要求他们做的。第二组受试者被告知这是为了保护环境。第三组受试者被告知,这是出于经济和保护环境双重原因。一段时间后,三组受试者表现出比以前更为环保的行为。态度会影响行为,但态度和行为是不同的。有时候,一个人的态度的改变并不意味着行为的改变,态度和行为之间存在着一个不一致的问题。例如,一项对大学生节水态度和行为的调查显示,在接受采访的70名受访者中,有69%的人表示每个人都应该节约用水,并且他们也会在日常生活中节约用水。但观察结果表明,大多数学生洗手时都会随手打开水龙头,尤其是做完运动的人,消耗了大量的水资源。有些学生洗手后没有关掉水龙头,水一直在流动。另一项研究是大学生对滴水的态度和行为。80%的受访学生说,他们看到水龙头滴水时,会主动拧紧水龙头。观察结果表明,在水龙头滴水的情况下,主动关闭滴水龙头的学生只占学生总数的61.7%。

影响态度和行为不一致的因素有多种。态度具有概括性和特定性。态度的概括性和特定性会影响不同的行为表现。概括性的态度(如我是一个很环保的人)有时不会引起明确的行为(在过去一年中,我回收了用过的每一个易拉罐)。相对而言,特定性的态度(如我对回收旧报纸是很尽责的)在预测相关行为方面是比较成功的(如我把旧报纸都放在回收箱里了)。

不过,由于特定的态度不一定很突出或者很容易做到,因而态度不能很好地预测行为。比如,"请分类丢弃废品"这样的提示牌可以提醒我们要有回收废品的态度,从而促进相应环保行为的发生。虽然你有环保态度(我支持废品回收),也有行为取向(我对矿泉水空瓶子分类丢弃),但如果周围没有分类垃圾桶,而你又不愿浪费过多的时间成本去远处寻找垃圾桶,这时你的环保行为也许就体现不出来。所以,能作用于行为的因素不仅仅是态度,在大学教室里随处可见垃圾,教室周围没有方便的垃圾桶。环境行为成本也会影响态度和行为的不一致。那些要求人们牺牲生命的舒适和健康来参与环保宣传的行为通常都是无效的,即使那些对环境保护持相当态度的人也是如此。因此,增加某一行为的成本,也会降低态度和具体行为之间的一致性。

此外,态度本身不够强有力也使得态度不能很好地预测行为。一般来讲,那些在直接的行为经历中形成的态度对随后的行为的预测比被动接受的抽象理论要准确得多。比如,一项对在校高中生实行的教育项目包括,教给学生们能源审计的方法,告诉他们在家中如何有效管理利用能源。研究表明,这一项目确实影响了学生和家长的行为。这个项目收效良好,是因为研究者教授给学生明确的环保行为的实际操作,而不只是泛泛地讲授。所以,环保部门要派专业人员上门与家庭主妇讨论,针对自家的情况,给你一些具体建议,那样效果会非常好。

要想促进态度与行为的一致性,就需要提高人们对一件事情的承诺程度。一个人在某件事情上承担的义务或者说责任越多,他们将来的行为就越有可能与态度保持一致。在一项研究中,控制能源节约的承诺程度为自变量,并测量被试随后的能源消耗情况。一组被试房主人(高责任组)被告之他们的名字被列在一个名单上，而且在实验结束后，会将他们的节能情况公之于众；第二组被试房主人（低责任组）则被告之实验完全是匿名的；第三组作为控制组，没有任何说明。那些在高责任组的人使用的能源确实比第二组和控制组要少，而且在实验结束后持续了半年之久。有一项对大学生的实验，研究承诺对环保行为的影响。第一组志愿者参加了以废纸回收为主题的五分钟演讲，然后签署了参加这个项目的集体承诺。对第二组志愿者，研究人员很个人化地向他们介绍这个回收项目，并且要求他们签署了参与实验的个人协议。对第三组志愿者（鼓励组）进行了快速讲解，告诉他们如果他们的社区当中有50%的人在指定时间内参与到回收废品的活动中来，那么他们就将得到本地商场的折扣券。另设一个控制组做对比研究。三个实验组都做了比控制组多的回收工作，但是签署了个人协议的组比签署了集体协议的组要做得更好。而且最令人感兴趣的结果是，有一些签署了个人协议的学生在协议终止后的几周内仍然坚持废品回收。然而鼓励组和集体协议组中的许多人的回收量退回到了实验前的水平。这个实验说明，人们在环保中做出的承诺越强，他们就会越多地参与到环保行为当中。

（2）提示

提示（传达信息的提醒）被广泛地运用来促进环境保护的行为。电视台播音员提醒听众明智地使用能源，大学宿舍走廊中的标记提醒我们"空屋喜欢黑暗"。模仿是指我们观察其他人从事环保行为，也可以被视为一种提示。趋近提示暗示了一种使你从事特定行为的刺激，如请在你离开教室时关灯。回避提示暗示了一种阻碍，如禁止践踏草坪。

提示有些时候确实可行，特别是一些具体明确的提示。在正确的时间，恰当的地点，而且提示所要求的行为很容易付诸行动时，提示效果会非常好。例如，"空屋子喜欢黑暗"的提示如果贴在学生离开教室所走的门旁边（恰当的地点），并且改为："请在你离开的时候关灯"（界定一个明确的行为），其效果会更好。贝克尔和塞里格曼在1978年设计了一个很有效的提示牌。他们很聪明地在厨房里安了一盏灯。如果室外温度在 20℃ 以下而空调还开着,那么提示灯就会亮起来,它告诉你空调现在是多余的,应当关掉。所以直到你关掉空调,灯才会自动灭掉。这一措施可以节能 15%。

许多地方都把提示牌和提示语作为防止乱扔垃圾的预先措施,如贴了"禁止扔垃圾"提示的地方比不贴的地方要干净。所以,那些写明了希望把垃圾怎样处理的提示(请把废纸扔进垃圾箱)比那些不具体的提示(请保持这里清洁)更有效。而且在越接近垃圾箱的地方,扔垃圾相对越方便的地方贴出的提示效果会越好。此外,礼貌和非强制性的语言也能带来更好的效果。即使在最理想的环境下,这些措施改变行为的规模也是很小的,要想得到一个更显著的效果,是需要经过许多人长时间的探索。

另一种提示是提醒人们哪里有可以扔垃圾的地方。1973 年,芬尼的研究显示,与视线里没有垃圾箱的情况相比,人们乱扔垃圾的行为在城市街巷下降了 15%,在高速公路上更是下降了 30% 之多。大量的垃圾桶出现之后,乱扔的垃圾量下降了许多。垃圾桶以及类似垃圾桶的东西作为禁止乱扔垃圾的提示信息时,其作用要取决于它们的吸引力和形状、颜色的特殊性。芬尼观察到彩色垃圾桶可以使垃圾量比基础水平下降 14.9%。与此相比,普通垃圾桶只能降低 3.15%。还有的研究显示,亮颜色的形状像鸟的垃圾桶比普通的垃圾桶更吸引人们适当地处理垃圾。还有,设计精巧的垃圾桶如足球场附近的垃圾桶设计成足球形状,也会在很大程度上减少足球场附近的垃圾量。

其他作为提示信息的先行因素还包括环境中已有的垃圾数量和榜样的行为。一般来说,存在"垃圾带来垃圾"的效应。环境中的垃圾越多,就会变得更脏。如前所述,地上的废纸片数与往地面上丢弃的废纸片数量成正比。在垃圾污染的环境中垃圾的增长量是干净的环境中垃圾增长量的 5 倍。

直接观察榜样的行为可以作为降低或增加垃圾量的一种提示。希尔迪尼让个体观察榜样的行为,榜样在干净或肮脏的环境中丢垃圾或不乱扔垃圾。看到榜样在干净的环境中不扔垃圾之后，观察者乱扔垃圾的行为最少。在看过榜样在肮脏的地方乱扔垃圾后，观察者乱扔垃圾的行为出现得最多。

3. 后继策略：行为之后的干预

著名心理学家斯金纳是最早把资源匮乏、环境污染、人口膨胀等问题和人类生存联系在一起的心理学家之一，他最畅销的小说《桃源二村》，从行为的角度对乌托邦问题进行了研究，并对如何运用行为原则重新规划一个更健康、更有效的社会提出了深刻而大胆的看法。在他后来的著作《超越自由与尊严》中出现了一种更严肃的探讨了人类问题的行为学方法。在这两本书中，他测试了重建可持续文化的问题，并提出即将到来的生态灾难是由人类不适当的行为造成的。他主张我们应该重塑文化以期更加合理的行为。也就是说，我们需要一种关注保持行为发生时环境健康程度的行为技术。

后续策略是在观察到目标行为后进行干预，这些策略主要包括增强技术和反馈。行为心理学是心理学的三大发展趋势之一，行为心理学主要体现在对行为控制研究的贡献上。斯金纳提出操作性条件工作原理，主要包括强化理论。他认为影响行为巩固或再现的关键因素是行为的结果，即强化。强化指增加一个反应再次发生的可能性的任何事件。行为是建立在反应结果的基础上的，不同的结果决定着这种行为是否将再次发生。一个好的结果是奖励可以增加一个行为发生的次数（例如使用废物的金钱奖励和垃圾收集的行为）。坏结果是，惩罚可以减少行为发生的次数或终止行为。行为主义心理学对行为控制有着直接而明显的影响。

（1）奖励和惩罚

操作条件反射原则的基本方法是对合理的行为给予奖励（强化），这样就能促进这种行为再次出现。对行为给予惩罚，行为得以减少或终止。对环保行为的奖励可以鼓励人们的回收垃圾行为，惩罚可以有效地减少对环境的破坏。强化分为连续强化和间隔强化,固定比率强化是间隔强化的一种方法,即按一定比例给予不同的奖励。固定比率强化法能激发人们的积极性。曼谷的"垃圾银行"以固定比率强化激励社区中的垃圾回收的效果是很明显的。在曼谷的班加比区的苏珊26社区内,建立了一个"垃圾银行",在社区鼓励儿童收集垃圾,教他们用垃圾袋将垃圾分类,将垃圾交给银行,他们所得的报酬将存储在垃圾银行,银行每3个月计算一次利息,利息不是现金,而是上学必需品。在垃圾银行,人们可以看到悬挂的利息清单:存款超过100泰铢,利息是一个精致的水壶;存款在31~100泰铢,利息是一双袜子;存款在21~30泰铢,可获四件物品,分别是一支铅笔、一个卷笔刀、一本书和一瓶胶水;存款在11~20泰铢,可获得铅笔和卷笔刀各一个;10泰铢以下的存款,可以获得一支铅笔。如果你是垃圾银行的客户,如果你急需支付学费,你也可以从垃圾银行借钱然后还债。这样做最大的好处是减少了社区里的垃圾,原本在街道上游荡的孩子们也有事可做。德国政府通过奖励来激励人们节约能源的行为。德国铁路在周末有一个特殊的项目,即使用非常低的价格,可以乘坐除快车之外的任何列车,在两天内,可以到德国的任何地方,一张票可以带五人。这项措施的目的是鼓励人们少乘私家车,减少周末火车空车运行的资源浪费。但要注意的是,由于时间、方法多变,激励措施应因地制宜。超市购物设瓶子费,购买瓶装和铝罐装的产品会收取5元的押金,退还瓶子和铝罐就能拿回押金,如果你没有退瓶子,就损失了5元钱,这种方式也可以促进人们的垃圾收集行为。惩罚是终止行为最直接的方式。严格执行环境保护法,以法律制裁终止环境损害。环境保护法应具有可操作性,具体适用于各种环境损害,处罚力度强、威慑力强。如新加坡政府在环境保护方面严格执法,抽一支香烟、嚼一块口香糖都可能遭遇惩罚,这就使每一个到新加坡旅游的外国人都能克制自己的行为。又如中央政府通过对企业排污的处罚,有效地规范了企业的环境保护。

（2）增加行为代价

心理学家使用獾取食作为实验来研究行为成本和行为终止之间的关系。獾穿过一个网到另一边开始进食，网格电压很小，獾忍受一点小的轻微的疼痛，而这种行为使食物的代价超过了轻度疼痛的行为，所以獾会爬上电网取食。随着电压强度的增加，獾的疼痛越来越强烈，进食成本也越来越高，獾最终会放弃进食行为。因此，从个体的生物学行为来分析，终止行为的最直接的方法就是增加行为的成本。当一个行为的价格大于该行为取得的结果时，一个行为就会停止。

趋利避害，是行为与生存规律的共同法则。企业是环境污染的主要制造者，企业的经济行为体现了人类生物行为的本质。因此，增加企业行为成本，促使企业树立环境成本观念，承担环境污染成本，是解决企业环境污染最直接的途径。

如果企业因自身的排放受到政府的惩罚，企业的实际利润低于成本，企业将采用新技术来减少污染。例如，1956 年的《空气净化法》规定，如果不设法减少污染，就会禁止使用煤炭；并指定了无烟区，不允许使用未经处理的煤炭。因此，虽然人口增加了 10%，能源消耗增加了 70%，但空气中的烟雾和二氧化硫的含量却在逐渐减少。

环境问题的外部不经济性。外部不经济性继承了早期工业传统，在计算产品成本，市场主体行为对环境资源的不利影响，如废气、废渣、废物最终处置成本等方面，现代工业系统还没有把它们纳入成本计算中，这样，一个隐蔽的、沉重的成本就会向社会转移，环境成本就会转移到他人和未来，其后果是公共支出的增加和环境破坏的加剧。因此，政府应制定和污染相应的政策和法律法规，如征收"排出物附加税"，让污染企业有所顾虑，这样企业将会把环境成本考虑在产品生产上，企业降低成本，为了增加利润，将采取或发明防治污染的新技术，开发和利用清洁能源，发展循环经济，废物回收利用。排放税意味着该行业在不断的压力下发明无污染和免税的技术。例如，在 2002 年，德国宝马汽车公司的国内汽车回收部分达到90%。丹麦联合酿酒诚实遵守丹麦政府颁布的法规,建立饮料包装的回收和再利用系统,回收瓶约99%重复使用。

（3）反馈

从行为主义的强化理论来看,反馈是知道行为的结果。及时地了解行为结果可以有效地控制行为,而延迟反馈会削弱行为的控制。消费支出的及时反馈能有效地节约能源和消费支出。如果只呼吁人们尽量减少家用电器的使用,节能效果不会很显著。能源浪费的主要问题之一是没有及时的反馈,例如,总是把灯开着,电费要到月底才能看到。因此,心理学家建议,我们应该提供更方便的煤气、水和电费反馈来满足家庭日常生活的需要。这一措施可以利用手机短信服务及时向用户提供日常消费支出。如果学校的淋浴房配有卡式水表,学生洗澡时可以看到上面的数字变化,这样将有效地减少学生洗澡的时间,起到明显的节约用水的效果。

对能源消费的反馈能有效地降低能源消耗。能耗反馈越频繁,节约就越多。当人们认为反馈准确地反映了他们的能源消费行为时,反馈更有效地降低了能源消耗。

二、生态文明视野下的环境道德建设

（一）生态文明建设要求加强生态环境道德建设

文明是人类文化发展的结果,是人类改造世界的物质和精神成果的总和,是人类社会进步的标志。唐代孔颖达解释为"天下文明者,阳气在田,始生万物,故天下有文章而文明也"。孔颖达注疏《尚书》时将"文明"解释为:"经天纬地曰文,照临四方曰明。""经天纬地"意为改造自然,属物质文明;"照临四方"意为驱走愚昧,属精神文明。生态文明是指人类遵循人、自然、社会和谐发展这一客观规律而取得的物质与精神成果的总和。生态文明是人类文明的一种形态,它以尊重和维护自然为前提,以人与人、人与自然、人与社会和谐共生为宗旨,以建立可持续的生产方式和消费方式为内涵,以引导人们走上持续、和谐的发展道路为着眼点。生态文明就是"绿色文明"。

在生态文明的视野下,加强生态环境道德建设是必要的。生态文明不仅是人与人、人与社会的和谐,也是人与自然和谐共存、人与社会全面发展与持续繁荣、物质良性循环的文化伦理形态。这种文明观强调人与自然环境的相互依存、相互促进和共生。可以说,生态文明是人类对传统文明,特别是工业文明的反思。它是人类文明形态和文明发展理念、方式和模式的重大进步。这种文明观与过去的农业文明和工业文明是相似的。他们都主张在物质改造过程中发展物质生产力,提高人的物质生活水平。但它们也有明显的区别,突出了生态的重要性。生态文明强调尊重和保护环境,强调人的意志在尊重和爱护自然的同时,也不可任意地进行自然的改造,因此,生态文明建设需要加强生态环境的道德建设。

1. 环境道德的新内涵

道德,指衡量行为正当的观念标准,是指一定社会调整人们之间以及个人和社会之间关系的行为规范的总和,一般情况下,道德被认为是人与人之间关系的一种约束。道德是一种社会意识形态。不同的时代,不同的阶级有不同的道德观念,没有任何一种道德是永恒不变的。"道德"一词,在汉语中可追溯到先秦思想家老子所著的《道德经》一书。老子说:"道生之,德畜之,物形之,势成之。是以万物莫不尊道而贵德。道之尊,德之贵,夫莫之命而常自然。"其中"道"指自然运行与人世共通的真理,而"德"是指人世的德性、品行、王道。在当时道与德是两个概念,并无道德一词。"道德"二字连用始于荀子《劝学》篇:"故学至乎礼而止矣,夫是之谓道德之极。"在西方古代文化中,morality 一词起源于拉丁语的 "mores",意为风俗和习惯。

随着社会的发展,生态环境问题日益突出,环境保护越来越迫切,传统道德约束力延伸到自然环境保护中,鼓励人们树立环境道德体系,增强人们的环保意识,促进环保理念,提倡保护环境,主张尊重自然,实现人与自然之间、人与人之间的和谐相处。环境道德是社会经济条件和活动的产物,包括当代和后代的环境问题、资源危机和环境保护运动在内的社会经济状况和活动的产物。环境道德是公民在构建可持续发展社会中应遵循的基本行为规范。其主要内容是尊重自然,保护环境,合理利用和节约资源,与自然和谐相处。人与自然万物平等,破坏环境等同于自我毁灭,为子孙后代留下自然财富,是环境伦理学的核心。

生态环境道德是人类社会发展的必然要求,是公民道德建设的重要内容。《公民道德建设实施纲要》明确指出:"公民在社会交往和公共生活中应遵循的行为准则,涵盖人与人、人与社会、人与自然的关系。"要大力倡导有礼貌、乐于助人、保护公共财产、保护环境、遵纪守法的社会公德,鼓励人们成为社会中的好公民。"这将保护环境,作为社会道德的重要组成部分。"它不仅反映了客观现实下思想道德建设的客观实际和规律,也体现了中国先进文化的发展方向。

环境伦理学强调人是自然生态系统的一部分,自然界中其他生命形式相互依赖、相互制约、不可分割。人与自然的关系制约着人与人的关系。调整好人与自然的关系,就是协调好人类与社会关系,便是追求人类社会的和平与进步。环境伦理学强调地球资源是有限的,开发自然资源必须与恢复环境相平衡。发达国家和高消费人群是全球资源消耗的主体,承担着更大的环境责任。环境伦理学强调自由是顺应自然的,受自然规律的约束。人类有权享受物质生活,追求自由和幸福,但这种权利只能限制在环境承载力的范围之内。环境伦理学是社会经济地位和活动的产物,包括当代环境问题、资源危机和环境保护运动。它是现代科技与伦理学相互作用与互动渗透的结晶。环境意识和环境道德水平是社会进步和民族文明的重要标志。建立一个人与自然和谐相处,走可持续发展道路的人类文明是不可阻挡的历史潮流。环境道德是人类思想道德领域的深刻变革。它是对传统工业文明的反思和超越,是对更高层次自然规律的尊重和回归。

环境道德不仅要调整同代人之间而且要调整各代人之间的利益平衡:父辈留给我们青山绿水,我们也一定要留给后人绿水青山,要保证子孙后代生存与发展所需的环境资源,这是每一代人的权利与义务。这个自然环境并不仅仅是属于我们这一代的,它同时也是属于我们后世子孙的。我们从祖先的手中继承了这个自然环境,我们只是这一代环境的信托者而已,即使我们不能把更好的环境交给我们的下一代,那么最起码我们也不能把更坏的交给他们,这就是我们应该遵守的环境资源的代际公平原则。

2. 环境道德的演变

中华民族博大精深的环境道德文化与深邃的生态智慧,值得我们每一个人学习:在古代中国,人们已经形成了简单的环境伦理,追求人与自然的和谐是中国几千年传统文化的主流思想。从某种意义上说,中国有自己的"环境道德"。古人有"天人合一"的至理名言,强调人应该与自然和谐相处,尊重自然发展的客观规律,从而达到节约自然资源,促进自然生态和谐、健康和可持续发展的目的。4 000年前的夏代,规定春天不准砍伐树木,夏天不允许钓鱼,不允许杀死幼崽,不允许盗取鸟蛋;3 000年前的周朝,根据季节气候严格规定了打猎、捕鱼、砍伐树木和烧荒的时间;孟子强调:"不违农时,谷不可胜食也;数罟不入洿池,鱼鳖不可胜食也;斧斤以时入山林,材木不可胜用也。谷与鱼鳖不可胜食,材木不可胜用,是使民养生丧死无憾也。"2 000年前,秦朝禁止春季采集新芽植物,禁止捕捉野生动物,禁止捕杀鱼和龟。中国的历朝历代,都有明确的保护自然环境的规定。当今环境伦理学的建设,既是对中国传统文化中人与自然和谐相处的继承和发展,也是对世界环境保护理念的吸收和借鉴。中国古代哲学强调人与自然的和谐关系,认为奉和谐之道、行和谐之术、立和谐之法、造和谐之势,则政无不通、人无不和、国无不泰、民无不安。中国传统的儒、道哲学中崇尚和遵循的"天人合一""道法自然""善待生灵"观念,就是一种朴素的环境道德观。古人所说的"物我同舟,天人共泰",意思就是说,人类和动物、植物等坐在一条船上,要同舟共济、休戚与共,只有这样才能使人与自然和谐相处,形成良性的互动。从许多教训中可以看出,我们的祖先深刻认识到要善待大自然,保护生态环境。这种朴素的环境道德观为人和自然和谐的思维模式和价值取向提供了有力的支持。

走生态文明发展道路,重视生态道德建设,是人类社会生存和发展的必然选择和行动指针。1972 年 6 月,第一届联合国人类环境会议在瑞典首都斯德哥尔摩举行,会议讨论了环境问题,探讨保护全球环境战略,通过著名的《联合国人类环境宣言》和保护全球环境的《行动计划》,呼吁"为了这一代和子孙后代,保护和改善环境已成为人类迫切的目标"。1989 年 5 月,联合国环境署第十五届会议发表了关于可持续发展的声明:可持续发展指的是满足当前需要而不削弱后代满足其需要的能力的发展。确立人与自然万物的一切价值,平等地与自然共处,破坏环境等同于自我毁灭的生活方式,为子孙后代留下自然财富,是环境伦理学的核心。1988 年联合国环境与发展会议通过的《我们共同的未来》和 1992 年联合国环境与发展会议通过的《联合国环境与发展宣言》确立了人与自然和谐相处的可持续发展理念。

马克思的理论高度重视环境保护,甚至发展为"生态马克思主义",纽约大学政治学教授 R. 奥尔曼将其列为当今世界十大马克思学派之一。生态马克思主义产生于 20 世纪 60 年代,是世界上有影响的绿色运动,它是当代西方马克思主义学说中的一个重要流派,也是当代西方马克思主义的一个积极的生长点。现代西方环境伦理学是建立在人与环境和谐关系的基础之上的。

（二）生态文明视野下环境道德建设的意义

1. 环境道德观对建议环境友好型社会具有重要意义

环境道德对环境保护具有重要意义。环境是人类生存的基本条件。要塑造中国生态环境道德,必须树立生态危机意识和环境社会责任意识,为可持续发展做出应有的贡献。环境与发展是当今世界的重大问题。在发展经济的同时,保护人类赖以生存和发展的生态环境,已成为世界各国人民所面临的一项紧迫而艰巨的任务。人类与环境的和谐一旦被破坏,人类将为此付出沉重代价。自 20 世纪以来,人们为了一些短期的、眼前的利益,违背自然规律、肆无忌惮地掠夺自然资源,随着经济规模的不断扩大,自然资源的过度开发和消耗,污染物的排放,从而出现全球资源短缺、环境污染和生态恶化。全球生态环境的恶化已严重威胁人类的发展,如气候变暖、空气污染、臭氧层破坏、酸雨入侵、淡水源污染、矿产资源枯竭、化石能源消耗、森林衰退、土地荒漠化、物种灭绝、生物多样性锐减等。1998 年我国夏季特大洪水与长江流域植被和水土流失的变化密切相关,自然界受到了巨大的破坏,同时也给我们敲响了警钟。我们不能与自然规律对抗,否则我们就会尝到自然规律的灾难和后果。

长期不合理地开发资源,使中国成为世界上环境污染最严重的国家。酸雨破坏的土地占中国总土地的 1/3;监测的 340 个城市中 3/4 居民呼吸着不清洁的空气;污染导致水资源严重不足,七大河流水系中劣五类水质占 41%;超过 90% 的城市河流污染严重;沙漠和沙漠化面积达到 174 万平方公里,还以每年 3 436 平方公里的速度扩展,一年损失相当于一个县那么大的面积。我国水土流失严重,目前水土流失的面积占土地面积的 37%,当我们欢呼雀跃地看着植树造林取得了丰硕成果的时候,也应该注意到自然森林面积的严重萎缩。在《自然辩证法》一书中,恩格斯告诫我们:"我们不应过分陶醉于人类对自然的胜利,每一个这样的胜利,自然界都将报复我们。"著名的英国生态学家爱德华·戈德史密斯把全球性的生态恶化比喻为第三次世界大战。他说:"自然界正在崩溃和衰退,其速度如此之快,如果这种趋势继续发展,大自然将很快失去庇护人类的能力。"因此,人类必须立即行动起来,拯救地球,也就是拯救人类自己。

保护环境、节约资源是我国的基本国策。节约资源、倡导环境道德是由我国的基本国情决定的。人口增长、资源消耗、环境污染、土地退化、森林萎缩、沙漠扩张、酸雨危害等环境问题已成为制约我国经济发展的重要因素。环境污染和生态破坏在中国每年损失高达 6 000 多亿元。中国的人均耕地面积不到世界平均水平的 1/3,排在世界第 60 位,在全世界 26 个人口超过 5 000万的国家中,居倒数第三位;中国人均森林和草原地区,只有世界平均水平的 13% 和 32.3%,森林覆盖率为 13.92%,在世界排名第 12 位;人均水资源、人均矿产资源居世界第 80 位,人均水资源占有量仅为世界人均水资源的 1/4。

环境道德对建设环境友好型社会具有重要意义。环境友好型社会是人与自然和谐相处的社会,是指人对自然环境友好的文明社会,基本要求是:倡导环境文化和生态文明,社会各界奉行对环境友好、人与自然和谐的思想观念,形成热爱自然、尊重生命、关爱环境的道德风尚,奉行对环境友好的生产方式、生活方式和消费方式,社会的生产、消费和生活活动与自然生态系统相协调,以环境承载力为基础,以遵循自然规律为准则,以环境友好科技为动力,节约合理利用自然资源,保护建设生态环境。环境友好型社会是和谐社会和生态文明社会的重要内容和表现形式。和谐社会和生态文明社会有两个基本方面,即人与人的和谐、人与自然的和谐。环境友好型社会是实现人与自然和谐相处的基本形式,是构建和谐社会的必由之路。只有建设环境友好型社会,才能全面建设和谐社会。

传统工业经济的增长往往建立在不可再生的自然资源的消耗上。资源的稀缺必然导致资源的争夺。传统的工业能源结构已由煤改为石油、天然气和核能,并不能从根本上解决资源的可持续供给问题。要实现可持续发展,避免掠夺性和灾难性的发展,就必须平衡发展速度、经济效益和生态环境的承受能力。

2. 环境道德观对建设资源节约型社会具有重要意义

我国人均资源很短缺。目前,中国的人均淡水资源总量为 2 200 立方米,只有世界人均的 1/4;人均耕地只有 1.41 亩(940 平方米),不到世界平均水平的 40%;人均 1.5 亩(1 000 平方米)森林面积,只有世界人均的 1/5;人均森林蓄积量 9 立方米,只有世界平均量的 1/8;重要矿产资源石油、天然气、铁矿石、铜和铝矾土储量人均分别为世界平均水平的 11%、4.5%、42%、18% 和 7.3%。在中国,以世界 9% 的耕地、6% 的水资源、4% 的森林资源养活了世界 22% 的人口,而人口的膨胀和经济增长方式粗放型增长,早已超过自然环境合理的承载能力。中国的人均耕地、淡水、森林和矿产资源,特别是那些对国民经济发展关系重大的资源,如石油、天然气、铁、铜、钾等大宗矿产资源,都严重不足,稀缺矿产资源濒于消亡。另外,目前各个领域的资源浪费相当严重,我国的资源严重受损,矿产资源采掘混乱,采富弃贫,浪费惊人。城市建设中的一些不合理的规划,汽车消费追求大排量,住房消费追求大面积,一些过度包装的产品,一些活动讲究排场,等等。这就造成了资源供需矛盾日益尖锐,环境污染加剧,社会风气不好。因此,我们必须坚决杜绝"吃祖宗饭,断子孙道"的思想和行为。

作为世界第二大能源生产国和能源消费国,近年来,由于经济的快速增长,煤炭、电力、石油和重要资源的供应紧张,价格急剧上涨。一些重要资源的依赖性大幅度增加。同时,化石能源的大量开发和利用是造成环境污染和气候变化的主要原因。大气、水、土地、生物等环境因子遭到破坏,生命系统功能退化,自然灾害频发,资源支持能力下降。中国的资源短缺已严重制约了经济的发展。一组数据令人震惊:通过计算资源环境绩效指数发现,五种主要资源(淡水、能源、钢铁、水泥、常用有色金属)中国消耗强度比世界平均水平高约90%,在世界59个主要国家(世界GDP的93.7%)中占第54位。我国能源消费的生态成本太高,中国的能源消耗主要是煤炭,80%是原料煤的直接燃烧。然而,中国目前的煤炭生产和消费的技术水平和设备能力难以满足环保要求。煤炭的直接使用造成了酸雨的污染等。在这样的形势下,推进现代化建设,走经济发展道路,是必然的战略选择。面对严峻的能源形势,只有坚持经济发展、清洁发展、安全发展,才能实现经济又快又好的发展。

中国是一个发展中国家,人口众多,资源相对不足,生态破坏和环境污染严重。当前,面临着发展经济和保护环境的双重任务。必须寻求人口、经济、社会、环境和资源相互协调的可持续发展道路,实现经济、社会、生态的良性循环和和谐发展。

3. 环境道德观对建设低碳社会具有重要意义

中国共产党第十六次、第十七次全国代表大会提出了"以人为本"的理念,树立全面、协调、可持续的发展观。一个重要的方面是协调人与自然的和谐发展。坚持走生态文明发展之路,促进城乡发展,发展区域城市,实现人与自然的和谐发展,形成生产发展和生活繁荣。可持续发展作为一种新的发展理念,越来越受到世界各国的重视。可持续发展需要广泛的社会道德和道德信仰,人与自然的关系也存在于道德、伦理、人类社会需要遵守的关系之中。

低碳经济是以低能耗、低污染、低排放为基础的经济模式。这是人类文明继农业文明和工业文明之后的又一重大进步。低碳经济的实质是能源利用效率、清洁能源发展和绿色GDP问题。核心是能源技术和减排技术创新、产业结构和制度创新以及人类生存发展观念的根本性转变。低碳经济的发展是一场涉及生产方式、生活方式、价值观念和伦理道德的革命。生态经济、发展循环经济、低碳经济,推进农业绿色生态的可持续发展,工业和服务产业在我国的环境行为是截然不同的面貌和环境,自觉承担起人格力量的道德义务,个人和企业规范生产、生活行为的内在驱动力。大量事实告诉我们,靠拼资源、拼环境换取经济增长的方式必须抛弃,环境友好、资源节约是我们发展的唯一出路,必须开发低碳技术,发展低碳经济,实现低碳发展,采用低碳生活方式,建设低碳社会。

加快社会环境道德建设,进一步增强人民的环境保护意识。只有建立和完善生态环境道德体系,才能在人们的思想中形成环境道德观念,使人们自觉保护环境,改善生态环境,从根本上实现人与自然的和谐发展。以马克思的历史观和价值观引领生态观,改变对自然的傲慢态度,寻求与自然和谐相处,走可持续发展之路。

（三）生态文明视野下对环境道德建设的新要求

建设资源节约型、环境友好型社会是一项长期的任务,也是环境保护的一项重要措施。保护环境,建立"保护环境,从我做起"的思想。

1. 将环境道德观引入环境保护和经济发展领域

环境道德伦理是在社会历史条件和环境条件下,影响和制约人们的环境行为的思想规范。树立良好的环境道德观,建立"以损坏和牺牲子孙后代的生存环境为耻"的社会风尚,是实现可持续发展的重要道德动力。要将可持续发展的环境伦理观与环境道德观融入到经济、社会、政治、文化等各个领域中去,以期推动环境道德伦理观的广泛普及和进一步深化,为实现可持续发展而努力。在提倡"善待地球、建设生态文明、发展低碳经济、可持续发展"的今天,应该将道德伦理观念引入环境保护领域和经济发展决策领域,建立起尊重自然、保护环境、节约和合理利用资源、人与自然界和谐相处的环境道德、伦理观,切实树立和实施环境与发展综合决策的观念和行动。

2. 树立全民保护环境的道德意识

提高公众对保护环境的认识,为保护环境营造良好的道德环境。提高公众的环境意识,树立良好的环境伦理观,是保护环境、实现可持续发展的根本。从幼儿启蒙到大学生环境教育,从普通公民到政府官员,各级社会都可以促进环境伦理的提升。通过长期坚持不懈地宣传教育,充分认识加快建设资源节约型、环境友好型社会的重要性和紧迫性,进一步增强节约意识,养成节约习惯,要不断转变价值观念和消费观念,树立环境道德意识,尊重生命、尊重自然,尊重生态规律,创造"和谐",协调好人与自然环境的关系,实现人与自然的和谐。我们希望通过各方面的共同努力,在全社会逐步形成"节约光荣、浪费可耻"的良好习惯,坚持从我做起,从点滴做起,从现在开始,从而有效地促进和加快建设资源节约型社会。我们应该树立公民保护环境的道德意识和信念。公众不仅要用坚强的意志去调整自己的生活习惯和态度,而且要有很大的勇气和热情来支持环境保护事业。人的建设包括经济和生态两个方面。在推崇可持续生存与发展机制的今天,人与自然的关系理应成为道德建设的时代特征。传统工业文明带来的科学技术和经济的快速发展,大大提高了人类的物质生活水平。但其固有的缺陷是:它以惊人的速度暴露在全球自然资源的消耗下,大量的自然排放物、可吸收废弃物,破坏了全球生态系统的自然循环和自我平衡,造成了严重的环境危机,威胁着人类的生存和发展。人们开始重新审视传统工业文明,反思其弊病,以摆脱各种危机,最终以新的生态工业文明取代传统工业文明。

地球是我们和子孙后代的唯一家园。地球的生态系统是脆弱的,如果听任传统工业对地球自然生态环境进行摧残和破坏,人类将无家可归。

3. 树立环境安全意识

树立环境危机与环境安全意识。随着全球人口和经济规模的不断增长,资源和能源的短缺问题日益严重,能源和环境安全是一个严峻的挑战。环境安全是国家安全的重要组成部分,经济危机是短暂的,而生态危机是长期的。一旦大规模的不可逆转的破坏发生,国家的生存将受到根本性的威胁。如果我们继续遵循传统的西方工业文明、价值取向、发展道路和生产方式,不仅会对资源和环境的安全构成严重威胁,而且会导致社会不平衡和国家的不稳定。我们要提高资源利用效率,减少和避免污染物的产生,保障人体健康,促进经济和社会的可持续发展。目前在环境法的实施过程中,仍然存在着严重的法律问题,环境执法不严,究其原因之一就是缺乏足够的道德文化支撑。人的行为受到社会文化氛围的制约,要促使环境文化由先进的文化行为转变为全社会大多数人的良好习惯和道德。保护生态环境,实现可持续发展,已成为全人类的道德共识。树立环境安全意识,不仅能避免严重的生态灾难,而且可以通过改变人类活动来实现新的、更高层次的和谐繁荣。

4. 提高公民的参与意识

节约本身就是良好文化观念的体现。我们应该采取一系列措施,为全民族营造一个生态文明的社会氛围,使节约成为传统和习惯,节约观念融入社会文化之中,形成整个社会对环境的共同理解,成为每个人遵守的标准规范。通过全社会的参与,环境道德与伦理的建立可以调整人与社会、环境的关系,促进人与环境的和谐与共生。提高公众的生态文明素质,倡导公众自觉选择绿色消费。学校教育渗透环境教育,培养学生的环境伦理意识,使学生树立正确的环境科学观、价值观和道德观,关心环境保护,在未来的社会生活中发挥积极作用。

5. 提高公民的节约能源意识

节能道德是节约能源的道德,是公民在建立可持续发展社会中应该遵循节约和合理开发利用能源的基本行为规范,其主要内容是尊重自然,保护资源,节约和合理利用能源,适应对经济发展和能源资源的协调。它是能源道德的核心,我们在自然界中建立所有人类和所有生物的平等价值观,破坏能量,等于人类自我毁灭的方式,我们必须为后代留下自然财富。新《节约能源法》将资源节约界定为我国在法律层面的基本国策。明确规定:"国家实行节约资源的基本国策,实行节能并举、节约优先的能源发展战略。"节约能源是我国国民经济发展的长期战略方针,符合我国资源和能源的基本国情。国务院关于加强节能工作的决定要求当前必须把节能工作作为一项紧迫任务。近年来,由于经济增长方式的滞后和高耗能行业的快速增长,单位 GDP 能耗增加。特别是近年来,能源消费增速仍高于经济增长速度。节能工作面临较大压力,发展趋势十分严峻。各地区、各部门要充分认识加强节能工作的紧迫性,增强危机意识和历史责任感和使命感。当前,我们应该把节约能源作为一项紧迫任务,为各级政府制定一个重要的议事日程。我们要努力采取有效措施,加快我国国民经济的发展。

6. 树立"低碳消费"和"低碳发展"意识

全球气候变暖的严峻形势挑战着人类生存与发展的背景,就需要我们研究和利用"低碳技术",促进"低碳发展",发展"低碳经济",倡导"低碳消费",打造"低碳社会"。我们复习和回顾过去的历程,期待着未来的世纪。同时,我们也在认真思考应该留给子孙后代什么样的土地,我们必须抓住人类文明转型的机会实现"代际公平"。今天,我们倡导生态文明,超越传统工业文明,实施可持续发展战略,促进循环经济发展,转变资源结构,全面建设小康社会。中国要实现中华民族伟大复兴,必须顺应自然规律,科学地协调和改造环境,善待地球,珍惜资源,节约能源,走生态文明、低碳发展之路,发展经济,促进社会进步和繁荣,保护祖国,重建中国生态圈。

7. 强化政府和企业、公众的节约和环保责任意识

强化政府和企业的节约资源和保护环境的责任,从政策和法律上解决市场失灵、制度失灵的问题,引导企业和公众从自我做

起,是环境道德建设和制度建设的必由之路。保持自然和环境的和谐,以保护环境、造福人类为己任。不断完善自身行为,坚持可持续发展战略,倡导友好环境道德行为规范,要大力建设生态文明。只有把环境道德观化为实际行动,切实做到从我做起、从现在做起、从身边小事做起,才能克服不经意破坏环境、浪费资源、能源的陋习,进而达到人与自然的和谐统一,努力开创生产发展、生活富裕和生态良好的文明发展道路。

8. 大力宣传和普及生态伦理学

生态伦理学又称环境伦理学,它是对人与环境之间关系的道德原则、道德标准和行为规范等方面所作的研究,是人与自然协同发展的道德学说。它要求改变传统伦理的两个决定性概念:伦理学正当行为的概念必须扩大到对生命和自然界本身的关心,从而协调人与自然的关系;道德权利的概念应当扩大到生命和自然界,赋予它们按照生态规律永续存在的权利。

总之,必须坚持节约资源的基本国策,加快建设资源节约型、环境友好型社会,促进经济发展和人口增长,协调资源与环境,走新型工业化道路,保障能源安全和经济安全。塑造中国人民的生态环境道德,不断提高全民族的环境意识和环境道德标准是十分必要的。我们必须对当代负责,对子孙后代负责,把节约能源资源工作放在更加突出的战略位置,做到节约发展、清洁发展、高效发展、可持续发展,必须了解和尊重自然、顺应自然的规律,科学协调,改造环境和治疗地球,珍惜资源,节约能源,走低碳发展道路,实现可持续发展,坚定不移地走生产发展、富裕生活、生态文明的发展之路。

第二章　生态文明视野下的环境认知

环境认知研究是环境心理学中比较活跃的一个领域。环境认知研究起源于人类学和心理学。环境认知研究关注的是人们对自然环境的不同定义、人们对环境的认知、人们在头脑中形成环境的方式以及这种现象对人类行为的影响。本章对上述问题给出简短的回答。

第一节　环境的概念与基本要素

一、环境的概念

传统的环境是指作用于一个生物体或生态群落上,并最终决定其形态和生存的物理、化学和生物等因素的综合体。环境心理学是研究环境与人的心理和行为之间关系的一个应用社会心理学领域,又称人类生态学或生态心理学。因此,环境心理学中所指的环境虽然也包括社会环境,但主要是指物理环境,包括噪声、拥挤、空气质量、温度、建筑设计、个人空间等。

环境科学考察的是人类环境,即以人为事物主体的外部世界,它是以人为中心的充满各种生命体和无生命体的空间,是人类赖以生存、发展、从事生产和生活的外部客观世界。人类环境划分为自然环境和社会环境两种。自然环境是指我们周围自然界中各种自然因素的综合,包括生物和非生物两大部分,是人类和其他一切生命体存在和发展的物质基础,对人的心理也会产生直接或间接的影响；社会环境是指人们所在的社会经济基础和上层建筑的总体，包括社会的经济发展水平、生产关系及相应的政治、宗教、文化、教育、法律、艺术、哲学等，对个体的活动起着调节作用。自然环境和社会环境既有区别又有联系，自然环境是社会环境的基础，它影响和制约着社会环境；社会环境又作用于自然环境，在一定程度上给自然环境"立法"。

在人与环境的关系中，人通过行为接近环境、觉察环境，从环境中得到关于行为意义的信息，并运用这些信息来决定行为方式，进而根据行为的实施来确定与环境的理想关系。环境心理学就是用心理学的方法来研究人与环境之间的这种关系，然而，对于环境心理学中"环境"的内涵，不同学科、专业的学者从各自学科概念出发展开了激烈的讨论。环境的概念逐渐变得既抽象又具有功能性，心理学家强调的是引起心理反应的刺激特性，关心的是形成人的知觉过程的心理学模式。生态学家认为心理环境以外的环境因素属于生态学领域，人们由自然环境引起行为的根源，行为具有随时间而连续变化的特征（行为的流动性）。由此可以看出，在心理学意义上，环境具有以下两个特性。

第一，环境始终是和行为联系在一起进行考虑的。最早使用与现代环境心理学中环境概念相近的人是格式塔心理学家勒温，他在 20 世纪 40 年代提出个体的行为决定于人格和环境之间的交互作用，认为行为（B）是由人格（P）和环境（E）决定的，即行为是人格与环境的函数 $B=f(P,E)$。勒温所使用的环境尽管大多涉及社会环境，但也具有自然环境的含义，在某种意义上可以说是指整个环境，而不是从环境背景中提取的孤立因子，因此它对后来环境心理学家使用环境概念有很大的启发作用。 到了 20 世纪 50 年代，巴克提出人类的环境就是物理环境和行为有机体二者之间的"人的社会集合"。1969 年，西蒙指出环境就是有机体的生活空间，是与有机体的感觉器官、要求和活动相互依存的。

第二，心理学家把环境当作一个整体看待，强调环境和行为的相互影响，即行为和产生行为的前后环境之间的关系。在环境心理学的研究领域中,环境和行为始终联系在一起,两者彼此影响,不可分割。

二、环境的基本要素

环境要素是构成整个人类环境的独立和不同性质的基本要素,但环境要素又服从整体演化规律。

环境因素一般分为两类:自然因素和社会环境因素。通常所说的环境要素是自然环境的要素。环境因素包括水、大气、岩石、生物、阳光和土壤。环境要素构成了环境的结构单元,环境的结构单元构成了整个环境或环境系统。当水形成水体时,整个水体被称为水圈。大气层由大气组成,所有大气层成为大气圈;岩石和土壤形成的固体外壳称为岩石圈。整个生物群落被称为生物圈。阳光提供辐射能为其他要素所吸收。

环境的各个要素之间可以相互利用,进而发生演变,其动力主要是依靠来自地球内部放射性元素所产生的内生能,以及以太阳辐射能为主的外来能。环境要素具有一些重要的特点,这些特点不仅制约着各个环境要素之间互相联系、互相作用的基本关系,而且还是认识环境、评价环境、改造环境的基本依据。

(1)最小限制律。最小限制律在 19 世纪由德国化学家李比希提出,并在 20 世纪初被英国科学家布莱克曼进一步发展、完善。最小限制律认为整个环境的质量,不能由环境诸要素的平均状况去决定,而是受环境诸要素中处于最劣状态的那个环境要素所控制。根据这个规律,人类在改造自然和改进环境质量时,就应该首先对环境诸要素的优劣状态进行数值分类,按照由劣到优的顺序,依次改造每个要素,从而使整个环境的质量得到显著的改善。

(2)等值性。等值性同最小限制律密切相关。每个环境因素对环境质量的限制与元素本身的大小或数量无关,只要它们在最坏的条件下就是等值的。

（3）整体性。环境整体性在于环境各个要素的总和,即一个环境的性质并不等于组成这个环境的各个要素性质的叠加之和,这是因为环境诸要素组成一个环境时,必然会发生相互作用,导致质变。

环境诸要素具有互相联系、互相作用和互相制约的特点。虽然在地球演化史上,各个环境要素还是同时出现的,但是,每一个新的要素的产生,都会给环境整体带来很大的影响,体现出环境诸要素的上述特点。而这些特点是通过能量流在各个要素之间的传递,或以能量形式在各个要素之间的转换来实现的。

第二节　环境信息的获取与环境认知的影响因素

一、环境信息的获取

人类通过眼、耳、鼻、舌、身等感官感知环境,从而获取环境信息。

视觉是最主要的感官之一,是刺激视觉器官而产生的主观映象,是定位和识别的主要手段,也是获取环境信息的重要工具。所谓看,实际上就是主动寻求信息的过程,不但涉及边缘视觉,涉及对上下、前后、左右的意识,而且也涉及眼睛的主动扫描,从中提取有关的环境信息。

嗅觉作为一种挥发性物质作用于嗅觉器官,可以唤起人们对这个地方的记忆。一般来说,环境中的不同区域有不同的特征气味,这有利于人们对环境的认识。

听觉是外界声音刺激作用于听觉器官而产生的感觉。声音充满在整个空间中,不仅成为动物或人类寻找食物或逃避危险的一种信号,而且也是相互交流、相互联络的一种工具。不同的声音信息有助于形成不同的环境气氛,而且加深了动物或人类归属于特定区域的感情。

触觉是环境知觉中感知质感的一个重要方面,主要来自于受到机械刺激所产生的感觉,如步行时对地面质感的体验。质感变化可以作为区分领域或控制行为的暗示手段。

动觉是对身体运动和位置状态的感觉,主要与身体位置、运动方向、速度变化等因素有关。通过动觉,人们能感到自己身体的空间位置、身体各部分的运动情况等。

此外,还有味觉、痛觉、振动觉、平衡觉和机体觉等,均是人类获取环境信息的有效工具。

事实上,在大多数情况下,环境信息是通过感觉器官的结合获得的。在环境知觉中,不同的感觉互相起着加强或削弱的作用,虽然迄今为止这种相互作用机制还不甚清楚,但许多现象表明,当不同的感觉提供了同一信息时,对环境的感知就会更加深刻。在城市环境中,如果不同的感觉所提供的信息相互配合,就可能形成更丰富、更强烈的环境气氛。应当注意的是,视觉在环境知觉中占主导地位,而其他感官提供的信息可以依靠视觉来加强其作用,而不是削弱和摧毁它。但是视觉提供的信息使人不感兴趣时,其他感觉提供的信息可能起到主要作用,即在无法形成丰富的视觉形象时,可加强其他输入信息作为补偿。在不同规模的环境中,各种感觉按其重要性形成等级。在规模较大的环境中,第一等级次序为视觉、听觉、触觉和嗅觉;在规模较小的环境中,第一等级次序为视觉、触觉、动觉和听觉。

二、环境认知的影响因素

影响环境认知的因素错综复杂,前面已经涉及到一些因素。这里将着重分析影响环境认知中的人口因素(性别和年龄)、经验和文化因素以及环境特征因素。

（一）人口因素

人口因素主要包括年龄和性别。一般来说,儿童的环境认知随着年龄的增加而增长,认知地图的范围随着年龄的增长而增加,性别差异的上升趋势,男孩比女孩更明显。老年人的环境认知中常常包含着那些实际已不存在的部分,如已拆毁的历史遗迹、世代居住的区域等。从性别上考察,女性通常关心空间的安静和封闭性,因此她们的认知地图常常以"家"为中心,并倾向于以空间要素来定向,她们更熟悉邻里单元,而男性则更关心建筑物周围的环境,关注在开放空间中沿着道路的运动,他们更熟悉城市;女性以行进的通道为推论的基础,而男性则较依赖于心理表征。有研究指出,有时妇女画出的"家"的认知地图,其范围比男子大一倍。

（二）经验和文化因素

经验影响人们对空间的表象,陌生人对城市的外观具有很大的局限性,新搬来的居民的认知地图也比较局限,他们总是更强调道路。然而,与老居民比,他们的认知地图的错误却更少。这说明人们对最初的环境印象具有较大的注意力。同时,不同文化的人具有不同的表象特征。从与环境认知直接相关的探路行为来看,日本人和美国人就有显著的差异。美国人根据直角坐标,用道路来组织限定空间,门牌号码直接反映出它在某一道路上的方向和距离;而在日本,传统的定位概念不是命名道路,而是命名空间。日本街道上的房屋不是按照道路上的空间次序而是按照建成的先后次序标出号码。法国和西班牙则采用辐射形的道路系统。同样,不同背景的人也具有不同的环境认知能力。研究表明,受教育程度和社会经济地位较高者所建立的认知地图较广泛,也较为正确。当然这方面的研究还很不深入,有待于进一步探讨。可喜的是,经验和文化因素对环境认知的影响,已日益受到各国学者的重视,有望成为环境认知研究中的热点课题。

（三）环境特征因素

物质环境本身的特点也会对人的表象、认知地图和探路行为产生影响。例如,在城市结构模式混乱的地区,为了识别环境,人们更多地设立一些独立的标志物、道路和能吸引视觉注意力的路牌。许多研究表明,在街道布局具有规则的地区,或主要道路突出、具有活动中心和独立标志物等条理清晰的地区,人们的认知地图最为清晰和明确,并具有良好的完整性,生活也最为安定和舒适。相反,结构清楚,但过于一致的邻里单元则常常引起定向困难。可见,既有结构,又有丰富变化,寓固定和变化于一体的城市结构,正是人们所需要的有机统一的整体环境,在这种环境中生活,有利于加强人们对环境的控制感和归属感。这说明,物质环境本身的特点也应在环境认知影响因素的考虑之中。

第三节　潜在环境的认知

前面我们所述的环境知觉和环境认知,主要是针对由视觉感官所获得的环境信息而言的,这里我们将着重讨论潜在环境以及个体对潜在环境的认知反应。

一、潜在环境和环境负荷

（一）潜在环境及其对情绪的影响

什么是潜在环境？潜在环境是指环境中的声音、温度、气味和照明等非视觉部分所构成的环境。声音、温度、气味等作为稳定的环境特质,人们可能未曾明确意识到,但它对人们的心理与行为有深刻的影响,对人类的行为和感受起着强烈而可预测的作用。个体情绪、工作业绩,甚至于生理健康都与来自潜在环境的感觉输入有关。特别是人们的情绪情感与潜在环境有着千丝万缕的联系。

设想一下在一位亲友的追悼会上,追悼会在殡仪馆中举行,参加追悼会的所有人员都穿着黑色衣服,胸前别着一朵小白花,主持人的声音单调、低沉而悲痛。在这个空旷的房间中只有安放遗体的灵床前放有唯一的装饰——花圈和挽联。此时此刻,人的情绪反应是强烈的,这显然是潜在环境的产物。环境心理学家认为在这样的环境中,会出现升高的激发状态,即血液中肾上腺素的浓度增高,心跳加快,出现认知活动的兴奋和强烈的情绪反应。

人们对环境的反应有许多不同方式。根据莫拉比安和拉塞尔的研究,以及他们提出的情绪三因素理论,人们在预测环境行为时,有三种维度特别重要,这就是愉快—生气、激发—未激发和支配—顺从。第一种维度(愉快—生气)反映了个人是否感到快乐和满足,或是否觉得不高兴和不满足。第二种维度(激发—未激发)可以被视为活动以及警觉性的综合。激发状态维度上的高分表示活动和警觉性两者都很高,当两者之中一高一低时则此维度为中等分数,当活动及警觉性两者均低时,此维度亦为低分。第三种维度(支配—顺从)说明个人认为自己在某一情境中是否有控制力、自由且无拘无束,而不会感到被他人限制、威胁和控制。显然,上述这些维度是互相独立的,因此,即使其中两个维度保持恒定,第三个维度上的感受仍有可能发生变化。激发、愉快和支配的不同组合构成了不同的情绪体验。

研究表明,莫拉比安和拉塞尔的情绪三因素理论在解释潜在环境的情绪反应方面是有效的。它不仅可以用来预测人们对环境的反应,也可用来预测对特定人、事物的偏好。

（二）环境负荷

无论是听觉,还是嗅觉、触觉,任何环境都会引起感官刺激。潜在环境所产生的感官刺激使自主神经系统普遍处于激发状态,因此,个体的感受与输入的感觉信息量有关。莫拉比安引入环境负荷的概念用来描述不同环境的感觉信息量。在这种情况下,高负荷环境是指环境信息多,信息传输速率高的环境;而低负荷的环境中所包含的信息较少,信息传递率较低。如果其他条件一样,则高负荷环境很容易受到刺激,也会导致环境中个体的身体和认知活动发生变化。环境负荷与环境信息的强度、新颖性和复杂性等有关。

强度指感觉刺激的幅度。例如,80分贝的音乐比60分贝的音乐强,因此前者的环境负荷较高。

新颖性由个人对环境信息的熟悉程度所决定。任何陌生或不同的事物都需要更多的注意力和认知活动。对越是新奇的环境信息,个体的激发水平也会越高。

复杂度指感觉刺激所传递的环境信息的复杂程度。在环境中包含的信息种类越多,则人们要了解和认识它时就必须付出更多的认知努力。有趣的是,复杂的环境会鼓励探索活动并刺激注意力,所以在乡村和城市中的旅行者都喜欢这样的感觉。因为单调的环境会造成人心理上的极度不快,使人效率降低、心理变态。在动物和人类研究中,人们注意到有机体需要刺激、变化才能继续生存,新颖复杂、令人惊奇和模糊的刺激模式会引起好奇心和探索行为,并促进智力发展。通过这些研究,心理学家认为,环境的复杂性是人类生存过程中不可或缺的因素。

人类偏爱中等程度的刺激。这方面的研究已被广泛应用到建筑设计中。环境刺激的强度、新奇性和复杂度之所以会增加环境负荷,以及对刺激的注意力,这里有着十分复杂的原因。从进化论的观点来看,有机体对环境的适应是自然选择的结果。从生存的角度来看,复杂的刺激使得好奇而有耐心地利用它的有机体得到最大的奖赏。因此,个体对强烈、新奇而复杂的刺激产生较强的心理与行为反应。

二、潜在环境的类型与性质

如前所述,潜在环境指物理环境中的非视觉因素,包括气候、高度、温度、光线和颜色等。

（一）气候与高度

尽管日常生活中的气候、地形和高度非常重要,但迄今为止,研究者对其效果所知甚少。有些人认为气候是塑造文化价值和性格的重要因素。他们认为,凉爽和温和的气候是技术和文明发展的必要条件,因为人类的生存必须克服气候的问题。然而,并没有更多的研究证实、支持上面的论点。不过,气候确实对人类行为有预测效果。长期生活在干燥热风地区的居民可能会更多出现疼痛、易怒、暴躁和攻击行为,甚至大气中的电荷也会影响人的行为和感受,如档案研究表明,当大气中的电荷数目较多时,自杀、意外和犯罪都变得较为频繁。同样,海拔高度也会产生某些效应。弗里山可曾对此进行了研究。他发现居住在气压较低、空气稀薄的草原高山上会产生许多短期效果。如心脏可能会扩大,红血球的数目增加,血红素浓度也会增加,肾上腺活动加剧,而视网膜对光的敏感性会降低,甲状腺活动下降。当然,高海拔也会带来长期效果。那里的居民肺活量和胸部都大于平原居民,血压的变化情况也不相同,他们出生时的重量较轻,生长和性成熟的速度都较慢。这说明,气候和高度作为人们生活的潜在环境会对人适应环境产生影响。

（二）温度

温度对人的生活极其重要,极端的温度(高温或低温)会影响人们的社会行为,如攻击和人际吸引等。大多数研究关心的是潜在温度,它指的是当时周围环境的温度;有效温度则是指个人对潜在温度的知觉,它会受到空气中湿度的影响。一般来说,湿度大时人们觉得温度比实际的更高。目前,对温度的研究大多集中在高温对城市居民的影响上。研究表明,高温的持续效果会导致身心疲惫、头晕、易怒、昏昏欲睡、精神错乱等,持续高温会导致死亡率的增加。高温对行为的影响是消极的。与处于舒适的房间里相比较,处在闷热和潮湿房间里的被试表现出较消极的情绪和较不喜欢陌生人,人际吸引力降低,在高温下工作绩效下降。安德森对谋杀、强奸、抢劫和偷窃等犯罪的发生率进行了研究,发现随温度上升而暴力犯罪概率增加。高温引起侵犯性行为的增加,暴力犯罪的多少取决于温度的高低。但最近巴伦和贝尔的一系列研究表明,高温实际上会减弱愤怒个体的侵犯行为。研究表明,消极情感和侵犯行为之间存在着曲线关系。在某一点上,消极情感(不论是由温度、侮辱还是其他因素引起的)的增强使侵犯行为加剧;超过这一点后,再增加的消极情感使个体感到如此沮丧以至产生其他反应(如逃避行为)而不是侵犯行为。他们对曲线进行了检验,被试分为8个组,分别接受由气温、另一个人的积极或消极评价、这个人的一致或不一致态度等不同组合,他们相信,当条件由积极的(舒适的气温、积极的评价、一致的态度)向中等消极以及最消极的条件转换时,侵犯行为也增加了。然而,结果并不是如此,在最消极的条件下(高温、消极评价、不一致的态度),侵犯行为减少了。因此,他们认为,在温度上升到某一点之前,侵犯行为会随之增加,之后温度若继续上升,则侵犯行为反而会下降,两者呈"倒 U 形"关系。

鉴于上述,我们唯一可获得的结论是温度和侵犯行为之间必然有关系,但要描述两者关系的性质显然还为时过早,需要进一步研究。

(三)颜色

颜色会影响个人的感受和表现,这是人们从日常生活经验中得出的结论。颜色有三种维度:明度、色调和饱和度。明度指来自有色刺激的光线强度;色调指颜色的种类,是由刺激的反射光的波长所决定的;饱和度指颜色中所包含的白光的量,白光越少则颜色越趋于饱和。研究表明,明度和饱和度都和愉快有正相关关系;人们偏好较浅、较饱和以及光谱中偏向寒冷的颜色(绿、蓝)。一般地,人们常将不同的心情归因于颜色,在魏斯纳的研究中,被试认为颜色和心情具有一定的相关性,具体如下。

蓝色——安逸、舒适、温和、镇定、平静、冷静。

红色——刺激、保护、反抗。

橙色——烦恼、沮丧。

黑色——消沉、有力。

紫色——高贵。

黄色——快活。

当然,这不是绝对的,但也隐含着人们感知环境的方式。同时,不同颜色所造成的激发能力也各不相同。红色是一种有高度激发能力的颜色。在实验中,红色比绿色和蓝色能引发更高的激发状态,在红色背景中比灰色出现更多的颤抖和快速移动,同时,在红色或橙色走廊上走路较快。这说明不同的颜色能在一定程度上影响身体的力量。例如,粉红色能导致放松,因此可用来减少攻击;人们注视蓝色卡纸比看红色卡纸时能使手脚有更大的力量。此类研究均说明,颜色作为一种潜在环境的刺激,会影响人们的认知活动,从而在心智作业和身体运动上表现出不同的特点。

（四）光线

光线也是潜在环境的重要成分。个体偏好的照明水准(所需光线)依情境而定。一般而言,人们对自然光线的偏好超过人工光线。有证据表明,全光谱的灯泡散发出较接近自然光的光线,所以可促进小学生在学校的表现,而冷白的日光灯则会增加儿童的活动。然而有些研究者却怀疑上述结论,他们认为在全光谱灯泡和日光灯照明下的作业差异太小,没有应用价值。目前,这方面的争论还在继续,有待于进一步的实证研究。但有一点是可以肯定的,那就是明亮的光线会使个人处于较高的激发状态,使人们对环境刺激较容易进行亲密、攻击和冲动的行为。此外,工作环境中的照明水准会直接或间接影响员工的表现,改善或阻碍员工的能力发挥,或者是创造一个不舒服或令人分心的环境。霍桑实验早已有力地证明了这一点。因此,潜在环境的不同感觉输入,会导致个体对环境信息的不同的加工和处理(认知活动),从而产生不同的心理和行为。

三、个体对潜在环境的反应

从前面的讨论中可以清楚地看出,潜在环境激发情绪表现的性质,是人类行为的重要决定因素。然而,并非所有的人对环境的反应都是相同的,这里存在着明显的个别差异。个人的性格,尤其是与激发状态的变化有关的反应,强烈地影响人们对环境的反应。这样人格测量就势在必行了。

研究者已尝试使用明尼苏达多项人格量表(MMPI)和加州人格量表(CPI)等一般人格量表来测量与环境有关的行为,然而这些量表是为了临床的用途而发展起来的,因而对环境心理学的研究作用有限。目前,研究者使用更多的是环境反应量表(Environmental Response Inventory,ERI),这是由麦基奇尼发展的一种人格量表。环境反应量表是描述个人的性格倾向如何影响他们处理环境方式的一份量表,这份量表由9个维度(对古物的爱好、群居性、环境适应、环境信任、机械取向、隐私需求、田园主义、刺激追求和都市生活)共184道题目构成。个人与物理环境的互动方式由这9个维度所组成的反应模式共同决定。目前,环境反应量表已由邦廷和卡普斯发展出适合儿童的版本,即儿童环境反应量表(Children Environmental Response Inventory,CERI)。

然而,环境心理学家最关心的是如何预测个人对环境刺激的反应,即关心人与环境互动时的性质,这些性质的核心是定向反应。定向反应是所有有机体集中注意力去感觉环境中新奇刺激的行为。在定向反应中,一旦感觉阈限降低,大脑活动就会增加,心跳和呼吸改变,就像个体准备对新刺激做出适当的反应。定向反应会因为刺激重复出现而习惯化,从而使个体探查或趋向刺激。所以,定向反应源于新奇、不可预测的刺激。个人定向反应强度反映了他是否易于被环境刺激所激发。由于环境刺激的重要性各不相同,如果个人想在其中有效发挥功能,则必须将感觉输入按其重要性排序,注意最有关的刺激而排除不相关的刺激。为此,莫拉比安发展了一种人格量表,以测量刺激过滤,即个人是否能有效地过滤无关的环境刺激。他把能有效过滤环境中不重要信息的人称为过滤者,这些人不容易被激发,他们在充满拥挤和噪声的环境中仍能照样工作。另外,非过滤者在刺激处理方面能力不足,不能有效排除不必要的刺激,他们的神经系统容易接受过多的感觉信息,并且比过滤者更容易被激发,且感受到更大的环境负荷。非过滤者的定向反应较强且持续时间较久,只要环境中的信息量增加就会使他们的激发水准上升。例如,需要安静、独立读书环境的人就是非过滤者。一般来说,非过滤者比过滤者更容易受到愉快、激发情境的吸引,而且有可能避免不愉快、高度激发的环境情境。

　　除了易于被激发的程度外,人们所希望维持的激发水准各不相同。为了有效测量与激发水准相关的特质,朱克曼发展了一种量表,用来测量感觉寻求(或刺激寻求、激发状态寻求)。感觉寻求是一种包含多种成分的复杂信息。朱克曼的感觉寻求量表包括四个分量表,分别用来测量个人的冒险活动、对于新的感觉和心理经验的寻求、不受限制地追求快乐和易于感到无聊的程度。这些分量表之间有正相关系,所以在某一维度得到高分,很可能在另一维度上也是如此。研究表明,高感觉寻求者有较强的定向反应,而且认为高度激发状态能令人愉快。同时,高感觉寻求者经常从事冒险、有变化或具有感官、社会刺激性的行为,如攀岩、滑翔、骑摩托车等以及志愿参加不寻常的实验或面对群体。而低感觉寻求者可能易患恐惧症。从上面的研究结果中,我们可以推论,感觉寻求会影响个体的社会行为。这个观点已被有关研究所证实。许多研究指出,高感觉寻求者较能与陌生人保持眼神接触,而且比低感觉寻求者更容易受不相识的人所吸引,他们有较多的情侣和性经验,而且对刺激性较大的影片也较感兴趣,甚至于偏好红色和橙色等暖色。当然,感觉寻求也和个人的职业选择有关。高感觉寻求者比低感觉寻求者更可能选择冒险的职业,如赛车手、潜水员、消防队员等。值得指出的是,动物和人类不同的感觉寻求具有一定的生理基础。例如,研究表明,血液中高浓度的性激素和男、女性的高感觉寻求倾向有关。当然,虽然感觉寻求有一定的生物、基因成分,但学习显然会影响其表现的程度,某些感觉剥夺增强了动物和人类的刺激追求。感觉寻求和刺激过滤作为两种重要的性格特质,是对潜在环境做出有效反应的人格基础,中等程度的刺激过滤和感觉寻求对于有机体获得和维持信息具有适应价值。

第三章 生态文明视野下的环境
心理学理论和研究方法

　　环境是近年来人们最关心的话题之一,与此相似,生态学以前只是科学家讨论的问题,今天却成为人们日常谈话的热点,各种媒体也经常提及。人类的应用科学避免不了这种趋势,这类学科的传统目的是帮助人类适应所处的环境,现在则需要进一步帮助人类去创造一个满足人类需求的理想之地。面对如此崇高而又复杂的任务,规划师、建筑师等环境设计人员与心理学家、地理学家、社会学家和人类学家们是如何相互配合与共同工作的?他们有哪些共识?他们又有哪些工具?以及它们是如何应用的?本章拟就这几个方面做些介绍,其中涉及的内容很多取自美国的研究,这并不令人感到意外,这些应用科学的发展是与迅速的工业化和城市化分不开的。环境心理学的研究首先从美国开始,然后在欧洲主要是在英国、法国和瑞典展开的,以后逐步扩展到世界的其他地方。亚洲最先是在日本扎下根来,20世纪90年代我国才正式展开这方面的研究工作,以前只是附带在社会学、城市规划和建筑学等学科中进行一些相应的工作。

第一节　环境心理学概述

一、环境心理学的概念

不同的研究者,对环境心理学的定义各自有自己的理解。

俞国良等心理学家对环境心理学的的定义是：环境心理学是研究个体行为与其所处环境之间相互关系的学科。它主要研究环境和心理的相互关系和影响，即用心理学的方法分析人类经验、活动与其社会环境（尤其是物理环境）各方面的相互关系和相互影响，揭示各种环境条件下人的心理的发生和发展的规律。

1978年，贝尔等三人合著的《环境心理学》一书给环境心理学下的定义是：环境心理学是研究行为和经验与人工和自然环境之间关系整体的科学。环境心理学从研究噪声入手，分别对个人空间、拥挤和人类的关系、城市发展和城市规划等问题进行研究，其目的是了解个体如何和环境相互作用，进而利用和改造环境，以解决各种因环境而产生的人类行为问题。

马逊风等认为："因为一切心理学都是针对环境的，所以广义上的环境心理学就应该是心理学。"狭义上的环境心理学从它研究对象上可以定义为："研究环境问题对人类（也包括动物）的心理和行为产生的影响，以及这一影响对环境反馈作用的学科。"

环境心理学是心理学的新兴学科之一，是社会科学与自然科学的结合，是建筑环境学和应用心理学的结合，是关注人与环境相互作用和相互关系的学科。

我们可以看到，上述的各个定义在基本思路上是差不多的，表述上有一些小的差异。在本书中，我们将参考各不同研究者的研究，给出一个环境心理学的定义。

环境心理学是心理学的一个分支学科，这一点是没有问题的。界定这个分支学科，我们需要做的是找到这个环境心理学分支特有的特点，使之能区别于其他的心理学分支学科。环境心理学区别于心理学其他分支的独有的特点，最主要的是它研究的内容不同于其他分支。

在现有的环境心理学研究中，我们所了解的不同心理学家研究不同方面的内容，一部分研究者认为：自然环境和社会环境的概念，不同环境中心理学原理和各种环境状况中人的心理现象和对环境的知觉，环境物理量和环境心理量之间的关系（环境与人的思维、情感、意志、个性等的相互关系),环境对人的心理和行为的作用规律,其中包括自然环境(如噪声、温度、风向、气候、空气的污染)和社会环境(如个人空间、地域观念、社会风气、社会文化、人际关系)的影响;环境联想对环境意识与心理的影响,以及环境污染中心理变化对人体信息传递、工作效率等的影响。人们在不同环境条件下如何进行心理自我调适,以适应和创造一种有利于个体发展的环境即对环境的反馈作用。除此之外,环境心理学还研究人的心理与行为对环境的影响,并且研究如何通过影响人的心理,进而影响人的行为,从而增加亲近环境行为而减少破坏环境行为。

上述总结进一步体现出,环境心理学说到底不是环境学,而是心理学,它的研究内容最终是心理学的内容,只不过要加上一个限定的领域。这个限定的领域是环境。有定义说"环境心理学是一门研究人和他们所处环境之间的相互作用和关系的学科",我们感到这个表述虽然很清晰简练,而且也基本契合环境心理学的研究内容,但是表述上不是最好。因为环境心理学毕竟是心理学,所以把它仅仅说成是研究"环境的相互作用和关系"的学科,毕竟不十分贴切。

另外,在具体用词上,"个体行为""人类经验、活动""人的心理""行为与建构""人类(也包括动物)的心理和行为"似乎是为了表达类似的意义;也有的用"人"而不是"人的心理"。那么,哪个用词更适当呢?我们认为,"行为"这个用词,受到了行为主义心理学的影响,反映了一种从纯粹客观的角度来看人的精神活动的视角。虽然这个视角有科学性以及学术价值,但是毕竟不是环境心理学的全部研究者都采用的视角,所以我们认为用"个体行为""行为与建构"等表述并不是最合适。用"人"这个词也不够恰当,因为环境心理学毕竟关心的是人的心理层面,而不是生理层面。"心理"这个描述虽然不够精确,但是却是能够包容不同立场的环境心理学家观点的用词。

另外一个词的具体选择,是应该说"环境"还是"环境问题",

学者们也有不同意见。多数定义中用词是"环境"，而有些研究者则认为"环境心理学是出现了环境问题之后才出现的，所以研究对象应该是环境问题对心理行为的影响，而不是环境对心理行为的影响"。我们认为，这里的"环境问题"的意义没有明确，如果说，"环境问题"指的是和环境有关的所有问题，那环境问题对心理行为的影响，也就是环境对心理行为的影响；如果说"环境问题"指的是一种"出了问题的环境"，如同"心理问题"的一个意义是指"心理上有困扰"一样，那么，我们可以说，并不是"出现了环境问题才出现了环境心理学"，环境心理学也不都和出了问题的环境有关，而是更多地研究各种环境对心理的影响，当然也包括良好的没有出问题的环境对心理的影响，因此，我们认为还是用"环境"一词比较恰当。但还有一个问题就是，环境心理学中所说的"环境"，其意义仅仅是"自然环境"还是包含"社会环境"？这里，我们的建议应当说主要是"自然环境"。

另一个问题是环境心理学是环境科学和心理学的交叉学科。研究人员指出："从环境心理学研究的目的和任务来看，环境心理学应该成为以环境科学和心理学两学科为研究基础的交叉学科，但从环境心理学的起源和已进行的各种研究来看，环境心理学距环境科学的交叉研究和心理学还有很大的距离。"原因是环境心理学的最初研究者主要是城市规划者和建筑设计师，他们研究的问题主要是个人空间、拥挤、城市发展和城市设计。目前的环境心理学与城市规划和建筑设计有着更密切的关系。

有研究者把环境心理学定义为"应用心理学和建筑环境学的结合"，好像这个定义和现状更为贴切，但是，这个定义却和环境心理学最新的发展趋势不合。因为从目前的现状我们可以看到，心理学家的人数正在日益增加，环境心理学研究者研究的范围也越来越广泛，越来越超越建筑学的范围。

还有一个问题是，从广义上看，所有的心理学研究的都是环境中的人的心理，是否所有的心理学都应该说是环境心理学？有学者认为，如果把所有的心理学都说成环境心理学，那么这个学科就没有办法体现出它的独特性。

综合考虑到上述这些情况,参考其他环境心理学研究者的定义,我们将给出环境心理学这样的定义:环境心理学是研究人类自然环境影响下的心理活动,以及影响了自然环境的那些心理活动的学科。

二、环境心理学的特点

环境心理学的研究方式是将环境和心理作为一个整体来研究,但是又比其他心理学分支更侧重于应用研究,这两个特点使环境心理学在方法论上体现了多样性、灵活性和首创性。环境心理学的研究方法多种多样,具体研究方法主要有观察法、调查法、相关法、测验法、实验法等。调查法适用于不同环境条件下人们心理状况的分析,调查的项目包括态度、价值、环境现象信息和情感的信息,同时还包括工作环境和个体生活诸方面的真实情况;调查法中对象的选择可随机取样,也可混合抽样、有意抽样等。观察法是在自然条件下,对被研究对象的活动过程及其个别存在形式,进行一定时间的记录,这可用录像机、录音笔等现代仪器记录个体与环境之间的相互关系。测验法常用问卷式,即将想要了解的信息编制成一份调查表,然后由被试回答。相关法是心理学中常用的方法。由于某些社会道德和伦理的原因,不能进行实验,就可用相关法来处理,相关度能预测人们行为的发展趋向,所以环境心理学家常常运用这个方法预测人们行为的发展趋势。实验法要求比较高,一般情况下可以设置对照组进行比较和分析。但是许多心理变量和环境变量之间的关系在严格的实验条件下进行研究有一定的局限性,现场实验是针对这个局限性而改进的方法,它能根据研究者在不了解复杂环境条件下的反应情况,并在模拟现实环境背景下来研究各变量之间的相互关系。因为每一种研究方法都有其优势和劣势,所以实际研究中人们经常同时使用几种方法。作为一门综合性和边缘性学科,环境心理学具有多学科性的特点,它要从许多基础学科中汲取某些知识。例如,认知地图的研究要从格式塔心理学中提取经验,环境—行为研究要借鉴行为主义的方法和理论,儿童行为的研究需要参照皮亚杰的理论等,因此,环境心理学与普通心理学、工业心理学、生理心理学、社会心理学、教育心理学、心理物理学、管理心理学等关系非常密切。据此,有的心理学家认为,环境心理学实际上是对所有的心理学研究提供一种特殊的研究思路和观点,它对心理学所有的分支都将产生重大的影响。同时,环境心理学与社会学、生态学、建筑环境控制学、人类学、工效学、园艺学、环境保护与监测以及城市规划也有一定的联系。环境心理学可以说是"人类和环境关系"这一大学科中的一部分,在现实生活中具有广阔的应用前景,其发展势头一直被看好。

作为一门应用性心理学科,环境心理学研究的主要目的是为了使劳动者以愉悦的心情,熟练地掌握技术和改进操作方法,防止发生生产事故,提高工作效率,在信息传递中,遵循人们的心理活动规律,充分发挥人的创造性和主观能动性,避免紧张、单调、焦虑等不适环境的反应。开展环境心理学研究是十分有现实意义的,社会的需要是环境心理学在近些年蓬勃发展的主要动力。作为一门新兴的、发展中的分支学科,环境心理学无论从理论还是方法上都有待于完善。由于每个学科都有其专门的术语、概念、方法和理论,而环境心理学是多学科的综合,因此要把来自其他学科的大量概念、理论、假设和研究结果统一在环境心理学的大旗下并不是一件容易的事情,加上这一领域本身的复杂性,使环境心理学一时间还无法形成独特的理论体系,大多只停留在描述水平,需要进一步完善。

三、环境心理学的研究内容

总的来说,环境心理学研究的内容基本都是人的心理对环境的影响和环境对人的心理的影响。环境心理学当前主要研究内容如下。

（1）环境认知和环境知觉的问题，也就是说，在人类对环境产生知觉和认知的过程中，有哪些心理因素起着作用？它们有什么样的影响？人的环境知觉过程并非一个像照相机拍照一样复制外在事物形象的过程，而是一个主动地对信息加工提取并组织的过程。信息加工过程中任何有影响的因素都影响到我们的环境知觉。这些影响就是环境心理学研究的课题。

（2）环境心理评估，也就是人对环境的评估。这里所评估的当然主要是一些主观的内容，比如环境对我们情绪的影响，环境在我们的眼中是否美，环境具备什么品质而能有益或有害于人类，等等。

（3）环境态度，也就是人们对环境问题以及环境所持有的态度。环境价值观，指的是人们在环境问题上所持有的价值观。环境态度和环境价值观，影响甚至决定着人们在有关环境的问题上可能有的行为方式，因此是非常重要的研究课题。

（4）环境对人的影响。比如，人在自然环境中能够放松心情、释放压力等。而包含着某些对人有害因素的环境中，就有可能损害人们的身心健康。

（5）怎样改变人的心理，使人们多做有益于环境保护的事情。随着环境危机日益严重，人类改变自己的行为，从而减少对环境有危害的行为，增加对环境有益处的行为，是越来越迫切的需要，因而环境心理学也就需要去研究人类行为，提高人类的环保意识，改变人类的环境态度和环境价值观，从而促进人类做出积极改变。

（6）各类具体环境问题的研究。各种环境应激物对人心理的影响包括各种自然和人为的灾害对人心理的影响；噪声对人心理的影响；拥挤或高密度的环境对人心理的影响等问题。气象、气候对人心理的影响也是环境心理学的一个研究领域。另外，个人空间问题是环境心理学中一个传统的研究主题。

（7）各类具体环境对人的影响研究，包括工作环境、休闲环境、学习环境、居住环境,以及整体上城市对人的影响的研究。这类研究中所说的环境,主要是指人工环境,最初建筑设计师介入环境心理学,所研究的主要是这个领域的问题。

四、环境心理学的重要研究领域

当代环境心理学的研究热点集中在新形势下出现的新环境条件和因素上,如电子信息技术广泛渗透、社会人口日益老龄化、城市化进程不断推进等对人的行为和心理造成的影响。社区环境心理学研究、互联网环境心理学研究等专门领域越来越引起环境心理学家的兴趣。

（一）互联网环境心理学研究

20 世纪后 20 年,信息科学领域发生了两次科技革命:一次是台式计算机革命,80 年代以后台式计算机开始普及,并大量、迅速进入人们的办公室、商业机构、家庭及教育等;另一次就是90 年代的互联网革命,互联网很大程度上改变了人们的生活方式。随着数字通信技术的进步,互联网及相关设施应运而生,虽然这两次革命的间隔时间短暂,却以前所未有的速度席卷全球,对人类社会产生了巨大的影响,深刻改变了人们的生产和生活方式。当今社会中,互联网无处不在,人们再也不会问"互联网是否会改变我们的生活",而是问"互联网将如何改变我们的生活"。

虽然互联网实现了距离上的远程信息资源交流,提供了电子虚拟空间,但也带来了人与环境互动的生态关系的变化。互联网环境心理是当今环境心理学发展的一个热点,许多心理学家对互联网时代环境和行为的理论问题与实证研究表现出极大的兴趣。互联网对人们生活的渗透,既给环境心理学家带来全新的研究课题,又使得环境心理学家重新审视传统理论,不少传统理论面临冲击,甚至被颠覆。

（二）社区环境心理学研究

现代社会人们追求有质量的生活,而合理、科学、健康的居住环境是追求高质量生活的重要前提。人们要求社区生活、居住和休闲等场所的规划、环境设计和运行体现以人为本,社区休闲设施能够供人们休闲娱乐,从而缓解和释放居民的生活压力,社区健康保障与医疗机构给社区居民提供健康和医疗保障,能够预防和治疗居民身心疾病,社区房屋建筑使人们有自己的个人空间,能够照顾和保护居民生活隐私,全面提高公众居住水平和利于身心健康。发展更全面的针对社区规划和改善健康的环境心理学研究的重要性越来越被人们注意到,可以说这方面的研究工作将成为未来几十年环境心理学的主要任务。

情景化的方法和理论取向得以加强,采用更综合性的多重环境下和人群的研究形式,解释多重背景和年龄团体间的相互依赖是社区环境心理学研究出现的新趋势,面对社会老龄化的趋势和老年人比青年人更多地承受慢性疾病和身体衰弱的事实,对老年人健康的生活环境的设计在未来研究方向中显得更为重要。社区环境心理学研究除了关注在特定地点个体的行为,更关注团体与社区环境全方位、多区域、跨时间的互动关系。环境心理学家希望把建立在理论基础上的行为即环境互动的研究成果应用于社区干预策略的制定、实施以及社区问题的解决。

从社区环境心理学的角度出发,社区居住环境的规划和设计有很多的影响因素需要重点考虑。社区居民健康也是社区环境心理学关注的一个重要课题。现在人们普遍追求科学、合理、健康的生活观念,要求高质量的社区服务和健康保障,这就需要心理学家创新性地整合健康心理学和环境心理学的理论、概念和方法,将环境心理学中人与环境的科学生态观融入健康心理学关于健康与疾病同行为和心理相关联的理论之中,让人们更关注环境的因素,如建筑的、地理的、技术的因素和社会文化对健康状况的影响,将"积极主动干预"的预防策略和"被动干预"的治疗策略有效地结合起来,从而最终致力于发展出生活、居住和休闲等方面全面健康的社区体系。

（三）休闲环境心理学研究

休闲是生活质量中的一个积极因素,是一个重要的社会问题,也与人们的生活息息相关。休闲作为见证社会变化的一个象征和载体,已经成为社会发展和文化生活中的重要议题。任何社会类型中的人们都不可能脱离休闲而生活,只是因为各自时代发展水平的不同,人们休闲的方式、思想和程度才呈现出明显的差异。休闲不仅对人们的身心健康、家庭和谐与幸福、工作与学习效率大有裨益,而且对整个社会的经济、政治和文化发展有着长远的影响。

在现代社会,生活节奏加快、知识更新加速、竞争加剧,人们致力于通过从事的工作,也通过他们的休闲来追求自我实现和个人成长,休闲越来越成为个体自我同一性中的重要组成部分。人们前所未有地表现出对个性生活的崇尚、对健全人格的追求、对自我实现的渴望。人们对休闲的认识日益成熟,越来越重视休闲在生活中的重要作用,人们比以往享受和利用更多的休闲机会,要求接受更高质量的休闲服务,同时更加普遍认同休闲体验的丰富性,尊重休闲选择、形式、场合以及时间的多元化。

随着社会的深刻变革,使休闲研究的具体问题也在不断变化,而且越来越凸显出明显的时代性。比如,从家庭、工作与休闲的角度看,家庭结构和规模的变化、结构性失业的来临、传统工作模式的动摇、女性受教育程度的提高及其大量进入劳动力市场,都需要我们重新考虑家庭与休闲、工作与休闲、性别与休闲、经济收入与休闲等种种问题;从卫生、文化与休闲的角度看,日益增多的区域性国际文化之间的交流,快捷的文化信息传递,健康生活理念与方式的普及,特殊群体的权益保护、生命周期的延长等都将作为影响休闲的重要社会背景,推进人们对休闲的全面理解;从生态、环境与休闲的角度看,工业发展带来的能源危机、环境污染以及人口膨胀,使得我们需要认真考虑休闲资源的管理、开发与环境保护之间的关系及休闲的个人自由和公共利益的冲突等问题。

总的来说,随着社会的不断发展,环境心理学这一应用性学科的研究内容越来越丰富,越来越具有时代的气息,形成了一种多学科融合、多领域开展的现象。

第二节 环境心理学的产生与发展

我们在讨论环境心理学的性质、理论和研究方法之前,可以先回顾一下这门学科是如何形成的,为什么过去代代相传的生活方式现在却变成了有争议的问题?为什么现在对环境问题产生了兴趣?想到的第一个解释是与技术发展的关系。技术发展导致了城市人口的增加和工业化,虽然它是对人类有益的,但人们并没有预想到后面如此严重的后果。汽车就是一个很好的例子,工业的发展使汽车的价格降低了许多,因而能买得起汽车的人越来越多。当你有了一辆汽车时,确实比没有汽车的人有更多的舒适和自由,开车时也确能体验到一种挥洒自如的感觉。但这种感受只有在车辆较少时才是真实的,当你碰到车辆堵塞和泊车困难时,就会体验到受奴役和被排挤的感觉。此外,汽车排出的尾气严重污染了城市空气,成了现代城市中的一个主要污染源。

更为普遍的是城市化的优点并不能补偿迅速膨胀的城市的缺点。扩大化的住宅区毫无个性地聚集在一起,为破坏和犯罪行为提供了便利,居民丧失了与大自然亲密接触的机会,成为这种单一性的牺牲品。城市居民的生活方式也改变了农村社会中所具有的,甚至在老的贫民窟中也存在的社会支持机制。无节制开发自然资源、滥用农业化肥,以及大量建设道路网、飞机场和铁路线,破坏了生态平衡和自然景观,同样也危及人的健康。这种环境的剧变,并未注意到在技术成就与心理和社会需要之间的一种平衡要求。

　　人类所生息的环境已不能再这样下去，要求改变现状的呼声遍及世界各地。但是环境规划问题，不能取反其道而行之的做法解决，即使有可能会有个别人或社会团体抵制技术的进步，仍然保持其传统的生活方式，但我们没有必要为了保持传统而摒弃进步和变化。现在的环境危机使人们必须承认，人类关于环境对个体行为的影响实在缺少了解。

　　很可能第一次试图在实验室外估计实质环境对行为之影响的调查工作，是 20 世纪 20 年代末在美国 Hawthorne 进行的研究，在那个经济危机迫在眉睫的年代里，人们总是希望尽可能地提高生产率，因此，Elton Mayo 等人想搞清楚在什么样的工作条件下生产率会最高，他们在实验中提高照明水平及改进其他工作条件，并观察由此引起的工人行为上的变化，著名的生理学家和电力工程师也参与了这项研究工作及其他应用心理学的研究。由于这次实验的结果未能提高生产率，心理学家丢弃了关于实质环境对人的心理影响的研究，遂致这方面的工作转移到环境工程师、建筑师和规划专家的手里。第二次世界大战结束以后，虽然资源严重匮乏，但是迫切需要建造大量的房屋，同时又想方设法建成一个较为理想的环境，希望构成一个新的社会和健全的世界，欧洲有几位社会学家把他们的注意力集中到环境问题上来。这类研究鼓励进行广泛的社会调查，最后这些工作的结果以立法的方式固定下来，同时启动了环境心理学的研究。

　　20 世纪中期以后，巧合的是，同时在三个不同地方和三个不同方面开始了环境心理学的研究。Paul Sivadon 在法国得到世界卫生组织的支持，对实质环境在精神病人的治疗过程中的作用进行了观察。同时 Ittelson 和 Proshansky 在纽约开始研究医院建筑对精神病人行为的影响。1960 年，Kevin Lynch 和他的学生们在麻省理工学院分析了城市空间知觉，出版了《城市意象》一书。在这以后又有两本书强调了城市规划中出现的心理问题，以及由心理学家、规划专家和建筑师共同合作解决这些问题的重要性，它们是 Sommer 的《个人空间》和 Hall 的《隐匿的维度》。

1966 年美国《社会问题学报》为环境行为与实质空间的研究工作出了一本专集,以"人们对实质环境的反应"为主题,此举首次反映出学术界重视此领域的研究工作。此后专业性学术刊物逐渐出现。1969 年《环境与行为》杂志问世,成为相关研究成果最主要的发表园地之一。此外,比较重要的国际学术刊物有创刊于 1969 年的《设计与环境》,发行于 1971 年并在 1984 年更名的《建筑与规划学报》,以及英国创刊于 1981 年的环境心理学另一非常重要的学术阵地——《环境心理学学报》。这些著作和学术杂志使环境心理学获得了科学上的地位,但学科的发展仅靠这些是不够的。

1969 年环境设计研究协会(EDRA)成立了,它的成员包括规划师、建筑师、室内设计师、设施管理者、心理学家、人类学家、社会学家和地理学家等。自其成立之日开始,协会就积极赞助环境心理学及其相关研究,每年召开国际会议发表论文并出版论文集,所涉及的研究主题包括建筑行为研究、环境研究、设施规划和用后评价等,它是英语国家中推动环境与行为研究工作最积极的学术团体。1987 年 EDRA 的会员已超过了 900 人,23% 为美国以外的会员,包括了 27 个国家。会员中 30% 为心理学家,25%为环境设计专业工作者(景观设计、室内设计、城市规划和环境规划),30% 为建筑师,15% 为其他社会科学家(地理学家、社会学家、人类学家和社会生态学家等学者)。

Ittelson 等人又在 1974 年编写了第一本环境心理学教科书,Proshansky 和 Ittelson 在纽约市立大学设立的第一个环境心理学博士点于 1975 年培养出第一个环境心理学博士。

在美国、欧洲和加拿大等世界上其他有影响的大学中,环境心理学研究小组也于此时先后成立。到 1986 年,仅在北美就已有 24 所大学正式设立了这一领域的博士学位培养计划,其中 8 所在心理学系,6 所在建筑学系,4 所在社会学系,3 所在地理学系,2 所在自然资源系,1 所在社会生态学系。还有 17 所大学设立了这一方向的硕士培养计划。由建筑师、心理学家和社会学家们参加的国际会议也不断增多。至此,作为一门独立的学科,环境心理学正式出现在世界学术界中。

以上这些主要是在美国的发展历程,世界上其他国家的组织和个别人所开展的相关工作也有数十年之久了。德国 Hallpach 在 20 世纪 20 年代探究了"概念",20 世纪 30 年代英国研究了住房中的照明,20 世纪 60 年代苏格兰的建筑效能研究小组(BPRU)对建筑心理学做了大量的工作。在 20 世纪 50 年代后期,加拿大 McGill 大学的 Suskatchewan 出版了关于房间布置之社会影响的著作。此后,20 世纪 60 年代在日本随着一本建筑心理学的问世,开始了关于神社设计如何影响朝拜者的情感和有关在大灾害中人的行为反应的研究。瑞典很早就处于环境与行为研究的前沿,他们特别重视建筑的视觉感知,并对空气和噪声污染进行了相当的研究,其寒冷的室外环境引起了许多如何创造高质量室内环境的思考,并加深了对环境之真实意义的理解。苏联也曾开展环境心理学的广泛讨论,他们研究的范围和其他国家相似,但特别重视量大面广的住宅和社区。其他国家的发展较慢,但小组式的研究团体在荷兰、以色列、澳大利亚、土耳其、委内瑞拉、意大利和墨西哥等活动着。

中国的环境心理学发展比世界其他国家晚许多,尽管零星的工作散见于各类书籍和杂志,但这些努力没有有效地汇聚起来。1993 年是非常重要的一年,这一年发生了三件事。1993 年 4 月,英国著名环境心理学家 David Canter 应同济大学杨公侠教授的邀请来中国讲学,先在清华大学建筑系做报告,后为华东师范大学心理学系的学生和同济大学建筑系的学生授课。1993 年 7 月,在中国建筑工业出版社的倡议下,由吉林市土木建筑学会筹备,由哈尔滨建筑工程学院主持,在吉林市召开了第一次"建筑学与心理学"学术研讨会,出席会议者包括许多著名的心理学家和建筑师,共有 20 余人。1993 年 12 月,《建筑师》杂志(总第 55 期)专门为这次会议出版了一期专刊。这些可以看成是这门学科在中国的正式诞生。1993 年以后环境心理学研究开始加快了步伐，1995 年第二次"建筑学与心理学"学术研讨会在大连召开，会上正式成立了"中国建筑环境心理学学会"，2000 年"中国建筑环境心理学学会"更名为"中国环境行为学会"，当时会员人数达到 50 人。在此以后，基本上每两年在各地轮流召开一次学术研讨会。环境心理学基本知识在高校中的系统传授和科研论文的定期交流，促进了环境心理学这门学科在国内的普及。

第三节　环境心理学的理论

环境心理学是在应用中产生的，它不是先有理论研究，在建立了理论模型和系统方法后发展起来的，而是在现实环境中产生了问题，心理学家和建筑师为了解决问题，采用传统的心理学方法进行调查、实验和研究，最后得出结论和解决的办法。长期以来一些环境心理学家在研究的基础上，提出了各自的理论模型，以便指导今后的研究工作。因此近年来出现了多种环境心理学理论，但是要找出或建立一个普遍适用的理论是困难的，即使对同一问题，也会有所不同。这里择要介绍一些主要的理论以见一般。

一、刺激理论

刺激理论认为现实环境是我们很重要的感觉信息源。这种信息既包括如光线、色彩、声音、噪声、热和冷等较为简单的信息，也包括如房屋、街道、室外环境和其他人等复杂的刺激。环境刺激可以有两种变化，即意义和数量。意义是由我们对这些环境刺激的心理学评价得到的，比如我们的想法、工作的效能、社会的交互作用、情感，甚至包括由于此刺激场和我们对它反应的方式所造成的健康问题等。数量上，它可以是持续时间、强度、频率和发生源的数目等明显的维度上的变化。基于刺激的理论具体包括以下几个。

（一）适应水平理论

这是一种以刺激为基础的重要理论,它主张个体在环境中适应于某一水平的刺激。尽管对任何人来说,并无一个特定数量的刺激是好的或坏的,但当刺激与其适应水平不同时,就会改变他的感觉和行为。

（二）唤醒理论

此理论假设我们的许多经验的形式、行为和内容与我们在生理上被如何激发有关。超载理论与适应水平理论和唤醒理论都有关系,超载理论的核心是刺激太多。环境与行为研究很多涉及效能,由于超载引起的唤醒水平的变化可以影响作业的绩效。

（三）压力

压力是近些年一个重要的理论概念。一些环境心理学家延续了 Selye 的工作,用它来帮助解释环境刺激超过个体的适应能力时,对行为和健康产生的影响。压力的概念被广泛应用于各种日常条件。造成压力的原因可以包括:办公室、医院、空气污染、极端的温度、噪声、交通和灾害等。Camppell 将它区分为急性的压力源(在感觉前沿的、强烈的、短促的和消极的影响)、周围的压力源(存在于感觉背景中的慢性的、消极的、整体的环境条件中,并且似乎很难改变)和日常的麻烦(不急迫的、重复发作的、消极的压力源)等三类。基本上有两种压力模型:一种是强调心理反应,另一种是强调生理反应。Lazarus 长期对心理压力模型进行研究,他强调认知评价的作用,即我们尽力对情况的严重性做出评价,并与压力源对抗,这样,压力源的意义就成为一个重要的因素了。在生理反应方面,Selye 首先介绍一般适应综合征,人体的特定反应模式即使当压力源改变时仍保持不变。脑垂体和肾上腺对于压力有一系列特殊的反应：先是警戒，接着是抗拒，最后是耗竭。

二、控制理论

环境心理学的另一组理论是集中在控制方面，而非刺激。我们可能适应于刺激的某一水平，并且刺激也会太强或太弱，但还有另一种情况没有提到，即我们对环境刺激能有多大的控制。显然那些对刺激的数量和种类能很好控制的人要比无控制的人情况要好，这一类理论可以分成以下两种。

（一）个人控制理论

此理论由 Barnes 提出，它说明人们能否影响刺激的模式。人们因为缺少控制经常导致心理上的对抗，因此失去了试图重获的自由，所以认定很难对刺激恢复控制或者不可能对刺激恢复控制，变成"习得的无能"，他们确信不管怎样努力都无法克服不愉快的、痛苦的处境。

（二）边界调节机制

Altman 认为人们在日常生活中有时试图通过几种边界调节机制以达到个人控制，譬如个人空间、拥挤和领域性等，Altman 认为通过这些边界调节机制，人们可以获得所需要的私密性。这个边界调节机制理论巧妙地将私密性、个人空间、拥挤和领域性联系起来，并把私密性作为人们行动的中心。

三、行为场合理论

这种理论建立在行为场合概念之上，即场所中的活动模式是规范的、固定的，且不随时间的改变而改变，于是人们进入一个场所,就像进入一个存有预设活动程序的地方,人们的活动只是按照预设程序上的内容重复着,这可在很多场合看到。如果走进一家美容院、电影院或餐厅,你可以看到由一些扮演特定角色的人进行着重复发生的活动。譬如每场篮球赛总是由两队球员进行的,他们奔跑、传球和得分,裁判员监督着犯规的情况,球迷们则欢呼、呐喊或高唱胜利歌等。当然个体的活动是不一致的,但行为场合论者比刺激论者或控制论者对参与者的心理过程和个体差异注意得较少,他们对扮演某一类角色的人们的动作之一致性印象深刻,并忽略其差异。但与此相反,他们对那些从事不同角色的人们的行为却予以特别的注意,譬如足球场上的球员、裁判和球迷的行为的差别。行为场合论者倾向于主要以场合的社会特征来解释人与环境的关系,诸如习惯、规则、典型活动以及其实际特征等。

　　人员的参与水平是行为场合理论的一个关键概念。一个给定的行为场合可能参加的人很少,但也有可能会吸引很多人参与活动。当参与的人太多时,行为场合不能拒绝接纳这些额外的人,结果是人员过多,反之则人员过少。你可以回忆一下,经验中的人员过多或过少的行为场合,这些人在这种处境中的结果如何呢? Wicker又进一步发展了这个概念,他认为行为场合不是一个静止的实体,而是一个从产生、努力、适应、成功直至最后消亡的过程。

四、交互作用理论

　　交互作用理论比前面的这些理论前进了一步。前面这些理论都把产生行为的原因归之于人或环境,将人和环境看成是分离开来的两个实体,但实质上两者是不断啮合在一系列的相互作用中。相互作用论强调人和环境均是一个相互包含着的实体的一部分,这意味着不论是人还是环境,不可能不参照对方而单独定义,并且一方的活动必然影响另一方。我们影响环境,环境影响我们。机体论强调在一个复杂的、共同的系统当中,社交的、社会的和个体的因素动态地相互交互作用。行为被看作是既有长期目标也有短期目标的许多可能发展中的平衡的一部分。

交互作用理论和机体论是环境心理学中高级的和较符合理想的理论的代表,但它们与目前的研究方法之间仍存在较难以克服的间隙。

五、操作性取向

由某些心理学家在研究中使用的操作性取向,是一种理论上的展望,它建立在 Skinner 原理上,其目的是改变个体的行为(他们的行为是对某种环境问题产生影响的),借以鉴别出有特殊问题的环境行为。如果个体从事比较有益的行为时,就提出适当的积极的强化。现在已着手采用操作性取向的方法进行研究的例子为乱扔垃圾、住宅中的能源浪费和废品回收等。

六、场所理论

David Canter 总结了前人的思想,持续不懈地努力发展了场所理论,这是一套完整的方法论和理论模型。这里的“场所”并不是指一个地域,而是反映在人们的经验中,是人们环境经验的一个单元,是表示在此场所中活动着人们的个体的、文化的和社会的各方面综合起来的经验系统。“场所”的意义包括人们从直接的环境经验和辅助信息源获得的个人的概念和情感,许多场所对个别人和人群具有他或他们的特殊意义。简而言之,场所就是人们实质环境的内在表象。

在这个框架中,人们在场所中的目标是理论的核心,Canter进而认为场所的目标不仅是场所的核心,而且还是环境心理学的中心。因为人们的场所经验是与人们在场所中的目标有关,正是由于人们在场所中有不同的目标、目的和意图,因而就采取了不同的行动,于是当人们评价一个场所时,便有了不同的概念体系。

很显然,没有目标就无法构成评价,但不同的目标直接导致人们对场所有不同的评价,于是场所目标既区分了不同的人,又区别了环境。不同的人在环境中有各自不同的要求,如果人们对环境有相似的环境目标时,他们也就以相似的方法来形成场所概念和场所评价。另一方面,作为集会地的讲演厅和作为一个讲演场所的讲演厅,尽管实质环境没有任何改变,但评价却是不同的。所以,Canter 的场所理论是以环境评价为取向的。

第四节　研究环境心理学的意义与方法

一、环境心理学的研究意义

心理学是一门既古老又年轻的科学。说它古老,是因为人类探索自己的心理现象已有 2 000 年的历史:从公元前 4 世纪古希腊亚里士多德的《论灵魂》开始,心理学一直是包括在哲学之中的。说它年轻,因为它是 19 世纪中叶才开始从哲学中分出来,成为一门独立的科学,它只有百年来的历史。因此,德国著名的心理学家艾宾浩斯曾说:"心理学的诞生是以德国心理学家、科学心理学的创始人冯特 1879 年在德国莱比锡创立的第一个心理实验室为标志的。"

心理学是研究人的心理现象发生、发展规律的科学。那么,什么是人的心理现象?人的心理现象是多种多样的,它们之间的关系非常复杂。心理现象是人们时刻都在产生着的,因而也是每个处于清醒状态的人所熟悉的。人在劳动、工作、学习等一切活动中都会有心理现象。例如,我们看电视时,能听到电视中优美的音乐和看到电视中壮丽的山水;我们吃饭时,能闻到饭的香、甜之味等,这些是人的感觉和知觉;我们对看过的电视片还能"历历在目",这就是记忆等,这些都是心理现象。心理学研究的内容包括两个方面:一方面是心理过程,包括认识过程(感觉、知觉、记忆、思维、想象）、情感过程（喜、怒、哀、乐等）和意志过程（目的的确定、困难的克服等）。

心理过程人人皆有，是人的心理现象的共性。另一方面是个性，包括个性倾向（动机、需要、信念、理想、世界观）和个性心理特征（能力、气质、性格）。个性是心理现象的个别性，正像世界上找不到两片完全相同的树叶一样，也找不到两个心理特征完全相同的人。心理学正是从这两大方面来研究人的心理和行为的规律的。

学习心理学，对人生具有十分重要的意义，结合体会，其意义有以下几个。

（1）"有人的地方就有心理"，华中师范大学心理系主任刘华山教授在谈到心理学的意义时，这样开门见山地对我们说。人的心理是有规律的，企业管理、思想政治教育、人员选拔、安全生产、人际关系等都需要了解人的心理。学习心理学，有利于人们更好、更完善地了解这些问题、处理这些问题。

（2）有助于了解自己，加强自我修养。心理学知识对于自我教育很重要。科学地理解心理现象，能使人正确地评价自己个性品质的长处和短处，确定个别的特点，正确而自觉去努力发展积极的品质、克服消极的品质。

（3）在工作、学习和生活中，一个人难免会碰到各种心理难题和心理困惑。例如，恋爱问题、婚姻问题、自卑问题、人际关系问题以及失眠、焦虑、忧郁等，学了心理学，能很好地进行自我分析和自我调节，不致于陷入心理困惑之中而不能自拔，最后导致心理疾病，甚至是精神病。

（4）学习心理学，能开阔人的视野。尤其是从事文学、哲学、美学、医学等学科的人们，再学一些心理学知识，它能丰富人的思想和观点。

（5）实现自我价值。现代社会越发展，人的精神生活将越来越重要，心理问题会越来越多，心理学亦将越来越重要。对一个心理学工作者来说，能把自己所学的一点心理学知识奉献于社会,服务于人民,这是一件很有意义的事。

当然,心理学的意义还远不止这些,在商业领域,在医学领域,在司法领域,在教育战线领域,心理学具有极其重要的作用和意义,这里就不多说了。心理健康就是一个人的生理、心理与社会处于相互协调的和谐状态,其特征如下。

(1)智力正常。这是人们生活、学习、工作、劳动的最基本的心理条件。

(2)情绪稳定与愉快。这是心理健康的重要标志,它表明一个人的中枢神经系统处于相对的平衡状态,意味着机体功能的协调。

(3)行为协调统一。一个心理健康的人,其行为受意识的支配,思想与行为是统一协调的,并有自我控制能力。如果一个人的行为与思想相互矛盾,注意力不集中,思想混乱,语言支离破碎,做事杂乱无章,就应该进行心理调节。

(4)良好的人际关系。人生活在社会中,就要善于与人友好相处,助人为乐,建立良好的人际关系。人的交往活动能反映人的心理健康状态,人与人之间正常的友好的交往不仅是维持心理健康的必备条件,也是获得心理健康的重要方法。

(5)良好的适应能力。人生活在纷繁复杂、变化多端的大千世界里,一生中会遇到多种环境及变化,因此,一个人应当具有良好的适应能力。无论现实环境有什么变化,都将能够适应。

心理健康并非是超人的非凡状态,一个人的心理健康也不一定在每一个方面都有表现,只要在生活实践中,能够正确认识自我,自觉控制自己正确对待外界,使心理保持平衡协调,就已具备了心理健康的基本特征。

二、环境心理学的研究方法

最开始时,环境心理学采用了从普通心理学和实验心理学中借来的方法进行调查和实验研究,因此可以说包括了所有可能用的方法,从按照严格的析因设计的实验室实验,至不知道被试的情况和没有参照体系的自发的观察,其中还有临床心理学中的投射技术和从社会心理学中借来的问卷法等。我们不可能将这些研究方法每一个都在这里做全面的介绍,但我们可以从各种研究方法的共同问题着手,相信对大家还是很有帮助的。

（一）被试的选择

这实际上是研究结果与特定的实验样本之间的关系问题,尤其是回答下列问题:观察到的情况能否用其他被试组来证实?如果不能,那么所选择的这些样本的哪些特性能说明所收集到的数据,很明显这个问题开辟了以不同样本进行比较的途径。不过环境与行为研究过程中常常是不能自由地选择样本,因而可以采用四种方法,其中有的只适合于现场研究或是实验室工作,有的则两种研究都合适。

1. 全部参与者

在现场进行研究,而样本则包括了这个选好的现场上的全部参与者。譬如 Rivlin 和 Wolfe 系统地观察了一座精神病院开业后第一周、第二周、第十周和第三十一周中全部住院儿童的行为。

2. 随机抽样

想把现场内所有的参与者都作为被试通常是困难的,所以需要随机抽样。譬如你要设计一个餐厅,需要了解顾客选择餐桌的情况。但不知道什么特性影响了顾客的选择,是他们的年龄、性别、文化背景;是独自前来还是结伴而行;是首次光临还是多次光顾;抑或是当时的心情呢? 随机抽样方法就是用来分散这些样本的个别特性,很有趣的是你反而不需要再追踪此特性是如何分布的。随机抽样的原则很简单:样本的选取是总体中其每个单元或单元的次集合,被抽选的可能性是均等的。

从事环境与行为研究时,通常采用的最简单方法,是可以先由计算机产生一张"随机乱码表",由上述乱码表中取出每一轮第

n 个号码为样本,这就是系统化随机抽样。如果手边没有这样的随机乱码表,也可以想别的办法,譬如我们可以观察进入餐厅的第二、第十二、第二十二个人,以及依此类推的第 n 个人的每个人的行为。

3. 分层抽样

已经选好了现场但不可能观察(或访问、实验)全部居民,可以从中抽出一个样本。Marans 在 1970 年比较四个经规划开发的社区时采用了此法。开始时规定按明确的判据(年龄、家庭组成和居住时间的长短)选择样本,并且还选择了满足这些判据的任意家庭的副样本,再将这个样本的代表性与标准的社会调查方法进行核对。

此法的要点是你假设母体中的某一特性会影响你观察的样本,所以你将此特性反映到样本中。这有好几种可能性,譬如对社区游乐设施进行调查时,大多数是访问妇女,尤其是和孩子在一起的母亲,而不是男士。一些居住环境评价的研究只选取妇女做样本,此间原因很多,如她们在社区中的时间较多,更关心家庭和社区,更善于在社区里的交际,也更容易调查。另外,如果事先已经清楚社区中老年人的比例,或是教师的比例,那么,在样本中就可以反映这些比例。研究人员为了非常明确的目的也应限制样本。譬如 John 和 Elizabeth Newson 在儿童的发展研究中只访问母亲,他们认为母亲能更好地报告对这个问题的看法。同样这种样本可以由研究目的来决定。譬如 Goledzinowoki 研究巴黎地铁中的乘客们的空间感觉时,他将调查的对象限于那些没有赶上车的人。

分层也意味着时间分段。我们观察地铁车站内人流情况,要把高峰段和非高峰段区别开来,否则以其中任一时段的调查都会得到特别的结果。行为会随着时间的变化而变化,为了使调查更有科学性,应尽可能做长时期的调查。环境与行为研究需要长时期的调查,遗憾的是大多数的调查时间跨度却很短。

尽管现场研究中控制环境变量相当困难,需要巧妙的设计,但无论是现场研究还是实验室研究,最好是分别组成"实验组"和"控制组"。研究人员在研究之前,得先将研究对象分类,组成"实验组",加入环境变化,但"控制组"不加入环境变化。当然这两组人员的构成必须是均匀的或一致的,否则,如何判定两者结论上的差异是由环境差异引起的,还是两组成员本来的差异引起的呢?

研究人员想要减少由可知或不可知的原因所产生的误差,可以同时使用随机和分层抽样。譬如你研究的母体包括四个重要的次群体,分辨出这些次群体以后,你再从每一次群体中随机抽出样本。同样地经过分组的日、周、月、年的时间,再采用上述方法,决定哪些特殊的时间去观察。

4. 不经选择的被试

被试不经选择,等他们来到实验室或现场后调查他们对于特定环境的反应。这种志愿者常常是学习心理学的学生,这种例子在环境与行为研究中非常多,譬如,在环境评价和空间认知研究中常常使用心理学学生和建筑学等环境设计专业的学生作为被试。当然这样的调查所得之结果推广到其他人群时需小心翼翼。

(二)实验现场的选择

不论研究计划是调查还是实验,研究人员得决定"到哪里"去研究他们感兴趣的问题。在环境心理学中现场的选择非常重要,因为实质环境对环境心理学的研究来讲是主要的变量。

1. 大现场与小现场

与被试的选择相同,即换到另一个地方去实验,是否会取得相同的结论? 这里有一个大现场与小现场的问题。所谓小现场就是所研究的对象,如房间、建筑物、办公室或学校等,研究它们对被试心理上的作用。但办公室属于一个组织,房间属于一幢完整的房屋,建筑物属于一个地区,学校更是教育系统的一部分,因而所有现场都是区域的一部分,具有特定的气候、文化和地理条件。大现场就是这个研究焦点现场周围的全部。我们可以改变小现场的特点和其与使用者行为之间所观察到的各种关系。但组织心理学告诉我们,技术的和经济的环境改变了生产单元的大小及其结构对个人行为的影响。

这种区别说明了实验室研究的局限性。另一方面,环境在感觉上可以分割成片段,应用此方法我们可以系统地观察人们在不同噪声条件下的行为,或是研究空间的分组及其对组内成员之间的相互作用的影响关系。

自然情境提供一个完整的现场,它不把小现场从大现场中隔离开来。自然情境提供给研究人员特殊的机会观察人们自愿来到的场合,从事一些在设计好的情境中难以出现的活动。譬如观察学生在图书馆的阅览室里抢占座位的情况,或是社区里青少年的涂鸦情况,以及居民在社区里的领域性行为等。自然情境特别适合于探测式研究,经过此种研究,研究人员要了解实际发生了什么情况,其中哪些因素、关系和相互作用是重要的。如果情境的某一部分在研究里被去掉,这就转变成模拟的环境、经设计的情境,于是便无法观察到在此情境下的全部行为。

2. 模拟环境

这是让被试对模拟的环境进行评价或解释。模拟的环境通常是经过计划的可有效控制的研究环境,此种环境之一就是实验室。研究人员随机选出被试,有效地控制整个环境并改变它,测量研究对象的某些特质。

除了实验室之外,模拟环境也可以是带有重要特征的照片,并可由主试者增加或减少照片上的特征,此种方法在环境评价中特别是在喜爱度评价和景观评价中用得较多,它的麻烦在于尽管不少研究说此方法是可靠的,但有的研究说此种模拟的准确性与真实环境中的情况相比有值得关注的差异。

另一种模拟环境与照片、图片等相比复杂一些也可靠一些。譬如 Berkeley 大学有一环境模拟实验室,里面有一套复杂的光学系统,可用三维模型重现一个景观中可能发生的一切变动,所以这种环境模拟所提供的现场感当然令幻灯片望尘莫及了。目前计算机的虚拟现实技术更是为模拟环境提供了方便,如果让被试分别置身于真实环境中和模拟环境中进行比较,可以发现模拟环境的"真实性"是很高的。现在一些寻路研究就借助计算机模拟复杂性各不相同的环境,然后让被试在里面走迷津,由于事先编制了程序,所以主试可以系统地调节环境并测量它们与寻路之间的关系。

简而言之,在模拟环境中,我们既能研究人为分开的环境的某一方面和行为之间的关系,也可预言一个环境在现实世界里可能的评价。然而在此种情况下,这种环境丧失了它们的社会、文化和时间的相互关系。在实验室里的研究缺少了大现场,因而不可能研究环境的全部和真实的状态,我们必须承认这模拟环境有它们的局限性。实验室提供了详细研究的条件和心理过程的鉴别,然而实际上相互之间的关系依然是相当复杂的,即使实验室中已经证明并提供了这种不完善的联系,我们仍不能建立一个全面的人—环境现象的系统。所以真正的现场研究是绝对必要的,因为它让我们看到变量的全部范围,以及它们在活动中的结构,并且它还包括了时间的和社会的参数。

3. 方法的选择

许多人以为自然情境与探测式的个案研究是相连的,而模拟环境又与描述或理论性的实验相连,这种想法过于简单。研究人员有时可以选择各类组合,哪一种组合最合需要,就最能解决他们的问题。跟这相似的是,必须根据所研究现象的假设来选择方法,因为每种方法都有它所适宜的数据类型,所以往往是根据所需的数据类型来选择方法。一般而言,数据可以分为六类,具体如下。

第一,对环境的看法,个体对于其生活质量和环境能否有效地满足需要的期望。

第二,对环境的评价,个体对于环境不同方面的品质(美学、卫生和功能等)的判断。

第三,对环境的认知,个体把从外界所获得的信息综合起来的方式。

第四,主试者与环境变化的影响,但是这些影响对被试来说并不是立刻能感觉到的。

第五,能察觉到的环境对行为的影响,即个体能结合他对环境的体验说出来的影响。

第六,个体在环境中的动作,这可包括其个人空间的安排和参与公共空间的活动。

研究人员可用以下七种方法进行研究,每种方法得到的数据不同。

(1)直接审慎的观察

直接审慎的观察是指有系统地注意实质环境,寻找过去活动的迹象,不能因为研究人员要测量而促使它出现这些活动。有系统地观察实质线索是很新鲜的一种研究方法,经过合适的调整,它可以由普通的技巧转变为很有用的研究工具。很多领域性研究就是借此法展开的,例如:观察人不在时如何表达空间的所有权。借此法也可以考察个人空间,当年 Sommer 就在每天早上在清洁工打扫以后访客出现之前,去观察精神病院和病房走廊里的座椅安排,并发现两者的布置是有差异的。

收集有关实质遗迹的数据,应分类记录下来,或制成表,绘成图。此种方法特别适合于探测式研究。

(2)系统地观察环境行为

系统地观察环境行为是指有系统地看人们在做什么,如何使用他们的环境?各种活动在时间与空间上如何关联起来?空间布置怎样影响其中的参与者?等等。观察在实质环境里的行为,可以获得关于人们活动以及支持活动所需要的情境资料,或者有关行为规范、场所规则、预期功用、新功能的资料,也包括错误资料,或者某些行为场合提供的行为支持或限制等的资料。现场的直接观察是按既能尽量客观地收集数据,又能便于使用统计分析来将数据分类。这种方法的创始者可能是 Barker,他把受过训练的观察者安排在特定的点上,每一个观察者观察 30 分钟,并记下这段时间内所发生的事情和"行为表现"。显然这种观察的时间需视所选的现场和所观察的行为而定。如果欲使观察更加严格和客观,建议可用摄像机或行为标记法来代替。Ittelson 提出了行为标记法,即按一项先导研究编制一张可能观察到的行为清单,并将它们分类,以便得到一张活动类型的一览表。观察者接受训练后,记录观察到的行为,并将其分类。这样主试就可按不同的要求(譬如现场、时间或个体)将数据进行比较。Winkel 和 Sasanoff 曾建议采用方格网来跟踪被试,此法可描述访问者来到一公共场所(如博物馆)后,在里面的详细活动,并以此方格网复现他们活动的次序。

系统观察环境行为时要注意实验人员参与的程度,在各种情况下,为了避免实验人员对别人行为的影响,可以选择:一是他是秘密的(远距离的观察)或是大家知道的外来者。二是作为环境的参与者,既可以是边缘的参与者(如地铁中的一位乘客,或是阅览室里的一位读者),也可以是完全的参与者(如餐厅中的侍应生或是社区里的房管员)。无论采用何种角色,其目的都是在不惹人注目和不影响被观察者的情况下收集数据。

适合记录行为观察的工具,包括口头描述、绘图、相片、电影、平面图、检查计数表、地图或录像带等。选择什么工具主要看研究的课题需要多详细的资料,以及观察者对所要观察的行为了解多少。

(3)效能观察

效能观察包括收集被试在不同场所的学习曲线或工作效率,以及学校中的进步等资料。这类资料主要是在实验中用来研究空间布置对交流网络的影响和物理条件对工作的影响,这些研究也可在现场进行。Glass 等人研究了住房中噪声与儿童的学习成绩之间的关系。这里必须注意每个人的效能是由包括动机在内的许多因素决定的，Elton Mayo 在 Hawthorne 做的实验是最早的例子，他证明物理条件对工作效能的影响，只有通过环境对工人的心理暗示方能起作用。

（4）直接提问

直接提问指的是向研究对象系统地提出问题，来发现他们所想、所行和所感，相信、知道及期盼什么。实际上，直接提问是极具潜力的研究工具，人们用这种方法可以收集到各种各样的数据，可以要求被试描述或报告真实的情况。譬如发给被试一张活动表，要求他们说明每日生活中各自的时间分配，或者他们中有谁受到环境的干扰，按此方法得到的时间安排可以用来比较不同的组和不同的时间。

一般而言，直接提问需要遵循以下步骤。

第一，研究人员知道受访人曾参与"某一特定的真实情况"，譬如他们曾在一幢办公楼里工作，或居住于同一社区，或是一位母亲，或是家里刚被小偷洗劫过。这种特定的真实情况正是所要研究的内容。

第二，研究人员对这一特定的真实情况完成了情况分析，暂时找出其中的一些重要元素、模式和过程，也就是说研究人员有了一组假设，关于此情况的哪些方面对参与者是重要的？这些方面的意义如何？它们对参与者有何影响？

第三，基于上述分析，研究人员制定提问指南，定出假设和研究的主要范围。

第四，访问曾参与此情况的人，追究他的主观经验，设法确认他们对该情况的看法。

直接提问需要一些技巧，其宗旨是既要让被采访人畅所欲言，又要让他们集中于研究课题，就是既要广度，又要深度和准确性。对前者而言，可以采用鼓励式询问、反映式询问和转移式询问。对后者而言可以采用情景式询问和个人性询问，当然也要注意发言时间和身体语言。Lynch在让城市居民描述他们的城市时，他发现有的居民情绪激动，难以抑制，这说明城市在受访人心中的神圣地位。

（5）标准化问卷

标准化问卷就是把一组相同的问题分发给数目众多的一群人，然后比较他们的回答，从中既可以发现共性，也可以比较其中的差异。问卷可以邮寄，如果短的话还可以电话回答，很多情况下是由受过训练的访问人进行专访。

标准化问卷提供的是量化的资料，所以它比定性的资料具有更大的说服力。标准化问卷分为两类，一类是以视觉信息为主，包括图画、地图和相片等，一类是以语言信息为主。后者就是狭义的问卷，所有关于环境的态度和意义都可以采用此类经典的方法，如语意差别量表、形容词对表、Likert量表等。采用标准化问卷尤其应注意研究的品质。首先研究人员要对访问和问卷有控制力。如果问卷是邮寄的，或是其他不是直接由实验人亲自付与的，那么某些控制力就丧失了。因此，为了增加控制力，邮寄的问卷通常篇幅较短，组织更严密。其次是细心地制定问卷内容，比较理想的是测量项目由研究模型制定。实际上用标准化问卷做研究，最令人沮丧的事情莫过于花了很多时间和精力去收集资料，却发现少了一项重要的资料，它本可以用来解释重要变量之间的关系。另外还要防止结构性的误导，但小样本调查可以在事前发现此缺点。

被试对实质环境的认知、感受等信息，有时以视觉媒体表达要比语言表达的要好。所以就不必使用预先编码的技巧，可以用徒手绘地图、素描、基地示意图和被试自己照相等。目前在空间认知研究中广泛使用此方法，如果该方法能与问卷结合起来更能提升研究的质量和效果。

（6）间接法

间接法试图探索和揭示与人们对环境的态度、认知和结构的隐含见解有关的无意识过程，间接法通过揭示这些隐含见解来探讨这些无意识过程。投射实验曾被用来构筑个体在环境中的需要表和分析对于自然灾害的看法。Kelly 的角色构成汇总表与前者相似,此表要求被试以三个要素为一组(譬如厨房、绘图室和办公室),通过比较这三者中的两个在哪一方面是相同的,但是与第三个是不同的来做出反应。这个方法的优点是被试通过自己的思维来感知和评价环境。与此相似的还有自由分类技巧,要求被试把研究对象分类,每一类中的元素是相似的,但与别的类别里的元素是不同的。这种分析技术既避免了语意上的问题,又探索人们的场所概念。

(7)游戏

环境与行为研究中还有一种有趣的方法就是设计各种游戏,在游戏中,受访人做一连串的相关选择,表达自己的想法。目前此法用得较多的是在居住研究方面。比如这些游戏中最老的一个,是 Wilson 的"邻里游戏"。游戏中各种要素的重要程度,像社区的实质品质、卫生、管理等,都有一个价码。受访人收到一组小纸片代表他们所有的钱,可以购买游戏板上所说的各种"舒适"。拿着这些钱,受访人必须确定各种要素的优先顺序。最后,他们的判断并非集合了一系列个别的决定,而是同时达到平衡的一组决定。

Zeisel 和 Griffin 也做了一次住房调查,他们发展了一套住宅单元的平面游戏。他们请受访人做一连串简单的决定:房间的进口应该放在哪里;你喜欢厨房和就餐的地方两者相对位置如何;起居室和就餐的地方又如何;阳台的位置等。每项决定在先前一个抉择的情境中被提出来,在三种不同但相关的可能性中做选择。所有的选择加在一起,成为一个完整的平面。当然除此最终结果以外,访问者可以在游戏当中,询问受访人做这些决定的原因,继而追究做这些选择是为了获得行为上和认知上的哪些效应。

上面简单介绍了环境心理学的理论和方法,使我们对这门学科的多变量和跨学科的特点有所认识,每个问题都同时涉及实质的、社会的和心理的参数。因此可以得出下列结论：对环境来说，并没有什么一般规律，环境心理学不能单纯地被看作为外部世界及其心理功能的分析。环境的确具有环境的作用，但它是由个别变量参与其间促成的，并且与它们是交互作用的。这样我们就可集合两种方法：首先，从整体来观察环境行为（人—环境系统），以便了解它们的结构和组织。其次，为了了解每个人是如何解释他的环境的，分析将共享环境转变为个人自身环境的各种个人因素。因为这种"情感—认知"的表象是中间变量的源泉，这是由个体和环境两者决定的，这反过来也影响了环境行为。此双重倾向说明为什么在这个领域中很大一部分研究是涉及知觉和评价的。

第四章　生态文明视野下的环境知觉与环境态度研究

近年来,环境问题引起世界各国越来越多的关注。无论是政府决策者和专家学者,还是环保人士和普通民众,都越来越清楚地认识到环境保护的重要意义。提高全民族的环境意识,是开展环境保护工作的一项基本任务和职责,也是环境保护事业发展的基础和保证。国内学者对于公众的环境意识做了很多有意义的探索,已有很多研究对此进行了明确的概念界定和理论探讨,但多为笼统的研究,还少有人将其细分为环境知觉和环境态度进行微观的探讨,对环境知觉与环境态度关联性也少有人研究。所以本文尝试着按国外学者的研究思路,通过实证研究,探讨环境知觉和环境态度之间的关联性,并分析环境知觉和环境态度对于保护环境的行为又有什么关联,本书对于环境伦理学的理论研究和中国的环境保护实践都具有重要的意义。

第一节　环境知觉概述

在"环境知觉"一词中包含"知觉"这个词,而知觉又是对各种感觉的一种综合和加工。因此在介绍环境知觉时先来了解一下感觉和知觉的含义。

简单地讲,感觉就是个体或人脑对外界刺激直接作用于感官时的简单的、单一的反应。在感觉的概念中包含这样几个关键词,首先是"直接作用于感官",其次是"简单、单一的反应"。人的感官有眼、耳、口、鼻等，比如我们用眼睛去看，用耳朵去听，用鼻子去嗅等，"我们用……"后面所跟的词就是感官。需要强调的是，大脑不是感官，而是对各种信息进行加工和处理的场所，但是没有大脑的参与是不能形成感觉的。简单和单一的反应，可以理解为对事物某一方面或者某一维度的反应，如物体的颜色、物体的形状等。当个体告诉我们某个物体是红色时，这时是感觉，而告诉我们是红色三角形时就不再是感觉了。

知觉是对感觉信息的综合反应，人们通过感官得到了外部世界的信息。这些信息经过大脑的加工（综合与解释），产生了对物体整体的认识，即知觉。换句话说，知觉是客观事物直接作用于感官而在大脑中产生的对事物整体的认识。在知觉概念中有两个关键词——"直接"与"整体"。如果离开了事物对感官的直接刺激，既没有感觉，也没有知觉。知觉是对客观事物整体的认识，不是对其个别属性的认识。比如对红色三角形的认识就是知觉，而对其红色的认识只能称为感觉。

知觉在人的心理活动中是一种很简单的活动。虽然很简单，但也包含了几种相互联系的作用：觉察、分辨、确认。觉察是指发现事物的存在，而不知道它是什么。分辨是把一个事物或其属性与另一个事物或其属性区别开来。确认是指人们利用已有的知识经验和当前获得的信息，确定知觉的对象是什么，给它命名，并把它纳入一定的范畴。

现在，我们来探讨环境知觉的概念。环境知觉就是个体对环境信息感知的过程，是在环境刺激作用于感官后，大脑做出的一个全面的综合的反应。在对环境刺激进行感知的同时并不是只有外界刺激参与知觉过程，人脑中已有的知识经验也会参与该过程，其机制包括自上而下的加工和自下而上的加工。比如在去某一旅游景点之前，我们多多少少会从书籍、电视、网络等媒体中获得一些关于该景点的描述和介绍，这时我们对该景点的信息加工就是自上而下的加工；当亲临其境时，我们对该景点的信息加工即为自下而上的加工。具体来说，自下而上的加工是指知觉过程完全由感觉输入的刺激决定,也就是说大脑对该客体的加工都来自物体本身的客观刺激。自上而下的加工则相反。一般情况下,个体对环境的知觉经过这两种机制的处理后,对环境的感知才更准确。

与知觉概念相比,环境知觉更强调真实的环境和大环境中的一些因素对环境知觉的影响,即强调环境与人的互动。同时也重视人的知识经验、人格特点、认知特点等对环境知觉的影响。如同样一块石头在不同的人眼中有不同的结构,在孩子眼里它是一个玩耍的东西,在画家眼里是创作的素材,而在地质学家眼里考虑得更多的是它的成分和形成年代了。

对环境知觉的研究有助于人们更好地认识环境,从而为人们在设计房屋、服装、道路、景区时提供一些理论支持,为更好地适应环境和塑造环境提供帮助和服务。

第二节　环境风险知觉

在城镇化和现代化进程中,环境处于各种变化中,随着人口的积聚,生活垃圾污染、交通环境变化、居住空间变化,这些都对城镇化进程中的人们产生重要的影响,无论是城镇化进程中的城镇原住民,还是新迁入的农业转移人口,这种变化都对其心理和行为产生重要影响。环境变化、污染和技术,使我们容忍可能发生的有害后果,这种后果是持续有害的。人们怎么感知这种风险是一个关键问题:风险感知能促使或反对特定风险行动。通常,风险是知道导致不确定的不利结果的一个情景、事件或活动,这个不确定的不利结果影响着一些人们重视的事情。而环境风险在很多方面与其他风险不同。首先,环境风险有高度的不确定性和复杂性特征,使得复杂的因果关系和多样化结果成为必要。所以,环境风险经常既包括风险产生原因,如因为人类活动产生的二氧化碳而使海洋酸化;也包括风险从哪里产生,如因为洪水导致的人类居住环境的摧毁。其次,环境风险经常出现在许多个体的聚合性行为上,例如,化石燃料的使用,而不是单个个体的活动。因此,缓和和减轻环境风险不是轻易能做到的,因为它需要许多人的行动。最后,环境危害的结果往往具有时间上的延迟和空间上的距离。那些风险的制造者(如工业国家)恰恰不是经历这些风险后果的承担者(如发展中国家、未来的一代)。因此,环境风险也常引发伦理问题。

一、风险知觉和主观风险判断

风险知觉指人们关于风险的主观判断,这些判断与一些环境、事件和技术相联系。研究者们已经发展了一些用于主观风险评估的评估技术。第一,反应者被要求按照他们的总体风险给出一个按不同程度登记或顺序的危险判断,或者是与这些危险相关的他们所经历的担忧、焦虑或威胁程度。第二,是询问人们为减缓环境风险愿意支付多少成本如经济成本,或者询问他们为容忍特定的风险,能接受多少成本。第三,是对结果的主观可能性评估,例如,当暴露于石棉环境时死于肺癌的可能性。

Lindell 和 Pery 对 23 个地震研究进行回顾,总结认为,风险认知通常(但不是总是)与采用的风险调整具有显著相关。Lindell 最近大量采用风险调整的研究证实了这一结论。与紧急救灾行动研究相一致的是,灾害调适研究通常表明当它被定义为预期的个人影响时,这些举措与风险认知具有显著相关性。例如,Preston 等报道了水灾认知(通过强度、频率、健康和经济影响来测量)与家庭变动之间的相关性,然而 Laska 发现了未来 5 年预期的洪水灾害与应对指数之间也存在着显著相关性。Kim 和 Kang 发现飓风灾害让个人或社区成员寻找相关的信息,以便做一些相关准备。Lindell 报道了预期的财产损失、人身伤害、洪水和风力调整、洪水保险购买所带来的影响之间的相关性。Perry 发现了风险认知与灾难调整之间的关系,Shasta、Perry 和 Lindell

报道预期洪水、火山灰影响的严重性与圣海伦火山威胁下的准备程度相关。Sattler Kaiser 和 Hittner 发现,风险认知与拥有的应急物资具有相关性,Peacock 称安装飓风遮挡物的风险认知与加固措施(加固房子的大门和墙壁)呈正相关关系。

其他研究也发现了风险认知对灾难调整措施影响的混合证据。Blanchard Boehm 等发现了预期的个人损失(但不是预期的社会损失)与洪水保险购买呈正相关关系。这一发现与 Weinstein 等的发现类似,与龙卷风威胁中为个人损失"做任何事"呈正相关,而不是其他人的损失。Basolo 等提及可怕的风险等级与新奥尔良四种风险调整(家庭飓风应急计划的发展)其中之一呈相关性,但是不会出现死亡后果。Mileti 和 Darlington、Lindell 和 Whitney、Lindell 和 Prater 发现预期的个人后果与风险调整之间没有关系。此外,Perry 和 Lindell 称个人和财产的感知与风险和野火、地震和火山的防范准备毫无关系。

一些研究表明,提示者对风险的频繁提醒也是风险认知的一个重要方面,它与一个事件的概率、严重程度及其个人的后果截然不同。Perry 和 Lindell 受访者很少、偶尔或者经常考虑圣海伦火山的威胁程度与风险调整呈显著相关性。Lindell 发现,考虑并讨论风险的次数与风险中严重个人后果的预期相联系。基于这项工作,Lindell 和 Whitney、Prater 提出作为一个提醒者,要增加思考、讨论、被动信息接收的频率,让人们采取措施降低风险弱点。数据表明,这种构造下,风险的侵入性与地震风险调整的确是显著相关的。大约在同一时间,Weinstein 等独立研究出他们全神贯注得出来的一个构想,被定义为"勤思考、警觉、侵入性想法、频繁说话",这个构想与被龙卷风袭击后"做任何事"的风险脆弱性呈相关性。

主观风险判断是基于相当缜密、广博的分析。反而,当人们做出判断时,会经常采用启发式,即简单地说,直觉的大拇指原则。在用于主观可能性评估领域,启发式已有较为传统的应用。尽管启发式经常能产生有效的结果,它们也经常导致风险评估中的偏见风险。

一个重要的偏见风险评估的例子,当人们遭遇风险的频率不同时,人们倾向于过高评估小概率、过低评估较高概率的事情。两个著名的启发式是可得性启发和锚定调整式启发。按照可得性启发式,人们经常依赖轻松,伴随这种轻松,事件的相关案例能从记忆中恢复。事件事例想起得越容易,就越有可能高估它的发生。例如,当我们看到路边毁坏的汽车时,汽车事故的主观概率会增长。明显地,一段时间内,事故或危险的媒体报道较为容易地进入我们的脑海。锚定调整式启发指出了一个事实,当人们做出估计时,经常从最初的价值(一个锚定点)开始,然后调整他们的评估,以达到最后的判断。在大多数案例中,调整是不充分的,最后的估计朝向"错点"发生偏见,而且经常把那些显著的但是不相关的线索当作错点。

框架的工作,往往依赖于改变一个可能成为中立结果的参照点:没有损失(当一个结果被表达为损失)相对于没有收获(当被表达为收获时)。一个普遍的对框架效果的解释,被称为"损失厌恶",也就是与相同的收益带来的快乐感相比,同样的损失使得主观经历的更多痛苦感要大得多。损失厌恶是指人们面对同样数量的收益和损失时,认为相比收益,损失更加令他们难以忍受。人们对损失要比对相同数量的收益敏感得多。

当启发的研究强烈依赖认知过程时,更多的最近研究已经聚焦在为风险评估和决策中情绪的重要性。情感启发法指出,情感状态对风险判断有着重要的信息投入作用。情感启发法是指依赖于直觉和本能对不确定性事件进行判断与决策的倾向。假如个体对活动的感受是积极的,他们倾向于判断风险是低的而收益是高的;相反地,如果他们对一个活动的感受是消极的,他们倾向于判断风险是高的而收益是低的。结果,预知的风险和预期的收益是负相关。在现实中,风险和收益最可能正相关,因为高风险与高收益总是相伴随的。

二、环境风险的时间贴现与风险调整

时间贴现是指遥远未来的结果与当前的结果相比,是主观上较不显著的,它是一种心理现象。应用到环境风险知觉,这种倾向是指当环境结果被推演时,环境风险会被知觉到较少的严重性。然而,环境风险评估的贴现,仅有很少的证据支持它。例如,人们发现石油溢出的风险,不管它是发生在 1 个月内、1 年内或者 10 年内。

风险调整的采用发生在含有许多不同利益相关者的社会环境中,Drabek 把他们归类为当局、新闻媒体及同伴。这些利益相关者之间的相互关系由报酬、强制性、合法化、专业性、每一次行动的信息量所定义。奖励与强制力要求需要不断地监督以确保只有顺从才能得到奖励,不顺从将会受到惩罚。尽管政府可能为采取风险调整的家庭提供奖励机制,然而这种激励并不是普遍的,大部分家庭都自主采取风险调整。因此,检测其他权利基础很有必要。French 和 Raven 对专业性(环境中因果关系的理解)和信息量(环境状态的知识)的认知表明利益相关者风险知识的评估概念。此外,French 和 Raven 参照权利的概念被定义为个人和他人的共享认同感,这和信任别人——特别是愿意向人们准确传达信息的人存在相关性。French 和 Raven 将合法权利定义为社会中每个人享有的权利与应尽的义务,在危机环境中,合法权利被理解为所认知的保护义务。

人身保护责任观点提出,高层次的风险调整与龙卷风准备过程中的风险发现保持一致性,在地震风险应对中,在火灾、地震和火山风险应对中,以及地震和飓风风险应对中,也都发现风险调整与风险准备过程中的风险发现保持一致。

Lindell 和 Whitney 提出风险调整措施与家庭、个人相关的地震常识及个人保护评估和决策责任具有相关性。同样地,Arlikatti 等发现,当地官员、雇主、同伴及家庭、个人地震知识与风险调整措施呈相关性。

　　Arlikatti 等还研究了感知到的利益相关者的特性是否与地震风险调查中家庭举措有着直接或间接的关系。如果利益相关者的特性影响了 Fishbein 和 Ajzn 所描述的主观规范的效应，Petty 和 Cacioppo 所描述的劝说的周边路径，Chaiken 描述的启发式处理等所提及的风险调整措施，就会产生直接效应。如果感知到的风险与利益相关者的特征改变人们的危险意识，进而影响风险调整的举措，就会产生间接效应。Arlikatti 等称感知到的利益相关者的特性似乎直接（通过周边路径）或间接（通过中心路线）地影响着风险调整举措。

　　感觉的风险调整特征的同一性，能够在大量地震风险调整举措的研究中推测出来。最重要的属性是风险相关性（保护人与财产的功效和其他目的的总和）、资源相关性（成本、知识和技能要求，时间和精力需求、特殊工具（主观上和设备要求），必要的社会合作。这些属性的重要性，得到大量预测不同风险调整举措的最新研究结果的支持。特别是保护人和财产功能的重要性研究、Blanchard Boehm 效力研究、Norris、Rüsteml 和 Karanci 的个人控制研究、Weinstei 等的损伤控制研究、Turner、Nigg 和 Heller-Paz 宿命论（相信没有有效的风险调整措施）的研究。资源相关属性的重要性与 Mulilis 等的困境调查结果、Blanchard Boehm 等的成本论相一致。然而，也出现了一些负面的结果，Weinstein 等称直觉控制的两种方式：损害控制与损伤控制，与在龙卷风灾害中实施的相关举措没有关联，Blanchard Boehm 等发现，过去风险调整的成本与所购买的保险没有任何关系。

　　这些风险调整属性的系统评估，发现风险相关的属性与采用意图和实际调整有显著相关性。然而，与预期相反的是，资源相关属性与采纳意图和实际调整并不相关。这些发现后来在加利福尼亚州南部和华盛顿西部三个城市家庭的研究中反复应验。研究还发现了风险调整属性的建构效度证据。特别的是，三个风险相关属性互相之间存在显著的相关性，四个资源相关属性之间亦是如此。然而,资源相关属性与风险相关属性之间存在较小的相关性,24 个相关属性中甚至有 6 个都不是特别显著。资源相关属性通常与采纳意图和实际调整呈负相关,但这些相关性都很小且没有意义。最近,Terpstra 和 Lindell 在对不同国家(荷兰而不是美国)的不同灾害(洪水而不是地震)研究中论证了这些观点。

进一步的分析表明,三种风险相关属性和四种资源相关属性在风险调整中存在显著差异,正如受访者对每一种属性的平均率所表明的那样。结果表明,这些属性对于受访者而言是有意义的,区别风险相关属性和资源相关属性是合情合理的。这些分析解释了先前报道中风险相关属性和资源相关属性的低相关性。资源相关属性中等级的变化(平均刻度范围为 38.8%)比风险相关性中等级的变化要小得多(平均刻度范围为 65.0%),这与众所周知的方差限制可以减弱相关性的原理是一致的。和灾难应对一样的是,风险调整的采用研究通过不同方式来定义风险经验,如龙卷风的遭遇、经历地震的次数、先前地震损失的总额、本人或周围其他人的地震损失经历。尽管使用了不同的运作方式,但是大多数研究 1999 年之前就发现了地震经验与采用风险调整显著相关。该结论被风险经验的最新研究报告证实,得出过去的损害与各种风险调整采用的方法显著相关。此外,其他研究报告了风险调整与其他方面的经验具有相关性,如震动强度、人身伤害、情感伤害、经济损害和自我、家庭及同伴的伤害。

一些研究发现了多种不一样的结果,Blanchard Boehm 和 Cook 报道,处于龙卷风即将途经的路径上和看到龙卷风与在龙卷风灾害中做的任何事没有显著相关;Laska 报道,应对指数与洪水暴发频率是不相关的;Norris 等在 1999 年发现,过去的灾难经验与未来规划没有相关性;Peacock 报告了飓风经验与保险保护之间不存在相关性;Faupel 等称,过去的经验与家庭计划存在着无意义的关联;Weinstein 发现,在龙卷风灾害中的所作所为与最新的提醒、加入志愿活动、与受害者联系程度等,没有显著的关联,但与没有目睹后期经历的问题的影响呈显著相关性;Perry 和

Lindell 报道,地震防备与健康影响并没有关系;Basolo 等发现,风险经验与四个指标:家庭计划、基本供给、缓解和关闭设备之间也并不存在多大关系。

混合的证据表明,风险即将来临与风险调整之间存在相关性。Farley、Barlow、Finkelstein 和 Riley 报道,风险调整的采纳与美国中部的新马德里地震断层的即将发生存在相关性。Lindell 和 Hwang 发现,内陆洪水与沿海飓风灾害与洪水及风力调整采纳有显著相关性。最近,Peacock 发现,飓风遮板的安装和保险保护与沿海国家的位置但不是疏散区位置存在显著相关。关于风险的邻近性与保险的购买,Montz、Gares、Lindell 和 Hwang 认为,其存在相关性,而 Palm、Hodgsom、Blanchard、Lyons、Mileti 和 Darlington 等发现,风险调整与地震断层的即将到来与否不存在关系。

第三节　环境态度的结构与测量

环境态度并不总是决定着增加或减少环境质量的行为,而且环境态度会随着当时的事件发展,以及随着年龄、性别、社会经济地位、民族、城乡居住地、信仰、政治、价值观、人格、经历、教育和环境知识而变化。

一、环境态度概述

传统上,态度有三个成分:认知的成分,关于对象的思维,通常包含着评估评价;情绪的成分,关于对象的情感;意动的成分,行为意图和与对象有关的行动。态度会与其他结果混淆,例如,价值观、信念、观点、个性倾向、个人规范,特别是信念,因为有些时候,信念会考虑到态度的认知成分。尽管所有的这些概念在一定程度上都与态度的三个成分有关,但是它们也有微妙的、重要的不同。例如,信念可以按照认知列成信念表单,信念倾向认知;价值观比态度更为宽泛,具有更多的文化界限、观点,从历史角度看,价值观是与态度经常竞争的一个概念,它更多的也是认知角度。像价值观一样,人格特征也与态度不同,人格特征不聚焦在一个特定的物体,也不是必然需要评估,它也是不容易发生变化的。

环境心理学的环境态度研究中,另外一个结构是个人规范,由 Schwartz 原创性地提出。不像态度,"亲环境"的个人规范,是内化了的通过内疚感而直接影响行为的态度。

二、环境态度研究的重要性

研究环境态度的最直接原因是它可能决定行为。然而,这种决定关系是贫乏的。与他们的行为表达相比,许多人表示了更高水平的环境关心,一些研究表明,态度和"亲环境行为"之间有较强的联系,但是其他研究却发现没有较强的联系。对研究结果的这种矛盾的一种解释,可能在于采集行为信息的工具方法不同。态度和自我报告的行为存在强烈的联系,但是自我报告行为经常被过度报告,自我报告也可能是不同影响的结果,而不是观察到的行为。环境态度和所观察的行为之间的较弱联系已经被发现。环境态度不能较强地预测"亲环境行为"的第二原因是特别性。一般态度不能较好地预测特定行为,因为每一个行为都有与它相联系的一组独特的预测因素。然而,一般态度能预测大部分行为的一般趋势。

态度能预测特定的行为,但是它们可能也有一般的预测因素。即预测个体行为的环境态度能预测其他相似行为。例如,回收利用可能是采用其他"亲环境行为"或支持政策行动的第一步,一般的能源保护伦理态度可能在一小部分家庭中存在,而这种伦理态度可以预测多样的能源降低行为。环境态度研究,同样可以应用在环境行动中的"公共支持水平"的测定上。政策制定者、公园管理人员、渔政官员、森林事务官、建筑管理者、回收利用的合作者都能应用上环境态度研究。

环境态度研究的一个问题是态度测量时可能从属于社会称许偏差。假如个人倾向于把环境关心视为社会称许，绝大部分环境态度测量是基于自我报告的，与他们实际的环境关心相比，参与者可能提供偏见式的反应，这种偏见出现在更多的环境关心中。然而，一个最近研究中的社会称许，与自我报告的态度仅仅是微弱的相关，也与"亲环境行为"没有关系。

三、环境态度的结构与测量方式

态度传统上被定义为由认知、情感和意动成分组成。然而，理论研究者提出了环境态度的替代结构。环境态度的几种测量工具已经被提出，它们是建立在态度的替代方式界定的基础之上的。

1970年后，至少有15种测量环境态度和环境关心的方式方法被提出。实验方法经常偏向于发展和使用新方法，而不是使用先前已经构建的、经证实的和测试的方法。当环境态度的测量定义和特征不同时，跨学科和跨领域研究的比较就会困难。但是使用问卷和量表是有用的，因为态度具有情境的特征或行为的特征，需要更具体和新的测量。

最早的环境态度量表出现在20世纪70年代。The Maloney-Ward Ecology Inventory 是建立在传统的态度定义基础上，包含有测量"环境知识"（认知成分）的分量表、情感分量表、口头/实际承诺（意动成分），口头承诺是指个体是否有环境保护行为的意愿，实际承诺指个体实际发生的环境保护行为。稍后，The Weigel Environmental Concern Scale 被发展出来，该量表简短，没有分量表构成。最常用的环境态度量表，新环境范式测量在1978年被 Dunlap 和 Van Liere 创造。新环境范式测量了在什么程度上，反应者相信地球是神圣需要保护的。New Ecological Paradigm Scale 的修订版包含了16个条目，对几种可能的维度进行了解释。

20世纪90年代早期,两个德国量表被各自发展出来,用以测量环境关心和环境悲观主义。而第三个量表,也在那个时候发展出来,被创造性地用于测量暴露在有机溶剂下的环境焦虑。焦虑是与悲观主义不同的一个概念,悲观主义是宿命论的,而焦虑能促进适应的行动。另外一个工具,环境注意量表,是建立在以前发展的价值观问卷基础上,它包括测量"本质环境主义"(对环境问题严重性的态度)、"外部环境主义"(关于自身之外的环境的态度)、"内部环境主义"(关于一个人连接自然和个人相关问题的态度)。

20世纪90年代后期,三个量表被编制用于检验"亲环境行为",一个被发展用于测量特定的环境态度。The Motivation Toward the Environment Scale 被设计用于从事环境责任行为的动机测量,这个量表被一个研究支持。同样的研究小组稍后发展了"亲环境行为"的动机测量。另外一个量表 The Survey of Environmental Issue Attitudes 被设计用于测量对特定环境问题的态度和测量有关不同的特定问题的态度。自我报告方法也用于环境态度测量,一个例子是用于评估孩子们的环境态度。

环境态度的测量结构中,Milfont 和 Duckitt 对存在的态度测量做了彻底的分析。他们把环境态度的8种测量整合成一个99条项目的问卷,445名参与者执行了这个问卷。经过几轮因素分析之后,他们确定了10个态度成分,进一步把10个态度成分概括归纳为两个主要因素:保护因素和利用因素,其中保护维度包括"亲环境行为",利用维度包括经济自由主义和环境需要为人类的消费而被保护的理念。最近,模型被进一步延展,作为环境态度清单被发展出来。这种较新的清单从附加的环境态度测量中描绘问题,从语法上分析保护和运用两个维度分成12个子因素。在从多个国家抽样的测试和精练之后,200个条目被减为120个条目。尽管环境态度清单是冗长的,但它有较强的理论和经验支持。

第四节　环境关心的影响因素

一、环境关心水平

人们对公共环境的关心会随着时间发生变化。例如,对两项美国大学生的调查,报告是于 20 世纪 70 年代开始的,环境关心和自愿放弃某些物品以减缓环境问题的意愿已经开始下降。相反,一个在 1984 年和 1988 年对美国成年人的比较研究发现,环境关心在 1988 年较高。1993 年,一个调查发现,大学生对环境有"强烈的环境关心",但是他们不愿意改变他们的生活方式以表达他们的关心。1976—2005 年(除去 20 世纪 90 年代早期),美国高中生的环境关心,特别是大学生的个体责任感,呈现出下降态势,而物质主义的价值观有轻微的上升。另外,一份 47 个国家的调查显示,成人对环境的关心在 2007 年是高于 2002 年的。"亲环境态度"(认知、情感和行为意图)的水平波动可能与个体决定(如知识、价值观、经历或生活方式)和社会决定(如事业和政府行动)有关。最近几年,由于人类活动产生的天气变化已经超过了限度,这已经被环境科学家认为可能是最重要的全球环境问题。从 20 世纪 80 年代开始,这个问题的公众的觉醒度普遍上升,但是协同抵制全球变暖,仍只是一种声音。一份调查报道显示,美国 84% 的科学家认为,人类活动产生的全球变暖正在发生,但是仅有 49% 的公众持有这种信念。

二、年龄

年龄也是影响环境关心的一个因素。一些研究发现了青年人比老年人在环境关心上有更高的水平。老年个体相比青年个体在环境关心水平上有较大的变化性。老年人和青年人之间的环境关心水平差异可以用"年龄效果"解释,"年龄效果"仅适用于解释年轻人环境关心的变化,即是说,对于年轻人而言,在时间中变老,会减低环境关心水平,但是"时代效果"也是环境关心水平降低的一个重要原因。老年人"亲环境态度"的减低,是因为先前的时代与当前的时代相比,总体上是思想上更自由的时代。

三、性别和社会经济地位

性别差异对环境关心也有影响。较少的研究认为,在环境关心上没有性别差异,但是很多研究都认为,女性比男性倾向于显示更高水平的环境关心。然而,女性与男性相比,似乎也表现出较低水平的"亲环境行为"和环境知识。尽管女性拥有较少的环境知识,但是她们更多的环境关心已经被几个研究所支持,这与环境知识不是与环境关心必然联系的观念相一致。女性较低水平的环境知识可能与缺少鼓励学习科学有关,而高水平的环境关心可能与高水平的利他主义和对健康与安全的关心有关。然而,尽管有关性别和环境关心的研究有点成就,但还是有许多值得研究的地方。

人们会从事环境活动,多少是因为他们拥有时间、资源和精力去做。因此,环境主义者通常被认为是中产或上中产阶级居民。即便在非洲,较高的收入也与对环境问题较高的认识有关。在他们自己看来,社会经济地位对从事环境活动的激情是足够的。另外,也有一些研究者认为,与那些高收入者相比,低收入者也可能显出更高的环境关心水平。

四、国际间差异

国家的环境关心平均水平常常是不同的。例如,采用自我报告的方法,对四个国家的环境知识评估和在环境行动中的环境保护心理进行研究,发现日本人有很多的环境知识,但数据显示他们环境保护行动不足。同样的研究发现,美国人有很少的环境知识,德国人对海洋有很低的联系感。相对于其他国家,德国人和瑞士人相信他们的行为是高度环境保护的。

富裕国家的人们经常报告更多的环境关心,但是较不发达国家的人们偶尔也表现出相同或者是更大的关心,环境问题在发展中国家比在工业化国家中提到的更多。这些似乎冲突的研究,可能被社会层面关心和个体层面关心的不同部分所解释。在国家层面上,较高的 GDP 与较大的环境关心相联系,而不是在个体层面上。

在美国,种族之间可能持有不同的环境态度。早期的研究指出,非裔美国人比欧裔美国人持有较低水平的环境关心,但是这种测量具有文化偏见。而最近更多研究指出,相对于欧裔美国人而言,非裔美国人有相似的或较高的环境关心。与那些已经适应本地文化的地位相似的人相比,新移民更关心环境。

环境关心在世界范围内看起来是提高了。在 20 世纪最后 10 年,调查显示中国青少年把污染作为最大的关心,西班牙公民把环境主义作为他们信念系统中的"中心元素",印度的城镇居民把本地空气污染作为主要问题。在葡萄牙、巴西和美国的儿童调查中,他们的环境关心水平大致相等,欧盟委员会的一份报告认为,欧洲国家成员国把气候变化作为世界面临的第二糟糕问题。

环境态度的水平和结构也具有国际差异。例如,与巴西或墨西哥相比,美国公民更可能把问题视为人类和自然的竞争。对待自然和环境的态度结构相似性上,也已经进行了跨国的比较研究。美国人和欧洲人的环境态度结构非常相似,但与日本有所不同。环境关心的优先性在富裕国家和贫穷国家也是不同的。富裕国家的居民可能更多关注全球环境问题,较不富裕的国家可能更关注本地的环境问题。

五、城镇—乡村居住

城市和乡村居住者的环境关心水平存在一些差异,但证据上是混合的。农场主和乡村其他居住者,需要直接使用环境资源,倾向于活动为中心,他们认为,自然应该作为消费资源而受到保护;而城市居住者更倾向于生态中心主义,认为自然应该作为它自己而受到保护。德国的一个研究表明,城市居住者对环境问题比乡村居住者呈现出行动上较大的口头承诺,但是在环境关心的其他维度测量上,组间却没有不同。加拿大的一个研究表明,无论城市还是乡村居住者都有较高的环境关心水平。

六、信仰和政治

关于犹太教和基督教信仰是否降低环境关心存在争论。例如,原教旨主义基督教信仰者,比其他群体呈现出较低的环境关心水平,这可能与《圣经》中一些章节对控制信息的支持超过对环境的支持有关。即一些群体解释说,《圣经》指出地球和它的资源是按照人类需要供给的。然而,其他一些群体的解释却不同——人类应该照顾地球并保护它,也即作为管事者而行动。这可能是为什么一个研究发现《圣经》直译者和环境关心没有显著的联系。信仰也与社会和政治问题中的管理有关。因此,在一些案例中,信仰能增强人们在诸如环境等方面的社会问题中采取行动。

保守的政治,传统上与信仰价值观相联系,能预测较低水平的环境关心。美国的人类活动产生的全球变暖可能正渐变为一个党派问题,而不是一个科学整合的问题,与共和党相比,民主党更经常接受人类影响、气候变化。

七、人格和价值观

环境价值观和人格与态度不同。例如,较强的自我效能感是一种人格特征,是与较高的关心水平相关的。经历中较强的一致性和开放性与更多的环境关心相联系。作用在行为上的环境价值观似乎被环境态度所调节,即价值观引发态度,然后,引导行为。除去理解和容忍之外,生物圈价值观、利他主义、后现代主义价值观都能预测高水平的环境关心。这些价值观表明人格中的关心他人、关心自我提升或自由是一般性格倾向而不是物质倾向。后物质主义与物质主义也影响环境关心,但是也有所不同,它们倾向于关心全球而不是本地的问题,但是后物质主义价值观在决定亲环境态度中不像其他因素,例如直接经历那样重要。

其他价值观也能影响环境态度。例如,信仰技术的人们或崇尚自由市场的人们有较低的关心水平。平等主义和个体主义价值观倾向于把本地环境威胁视为较少的问题。

八、自然环境的直接经历

从事与自然环境有关的户外运动经常与日益增长的环境关心相联系。然而,户外休闲的类型有重要影响。例如,自行车骑行者比沿路的汽车驾驶者更关心环境。一个理论指出,参与户外活动消费的个体,例如打猎,与那些参与非消费活动的人相比,如摄影者有较低的环境关心。

直接的自然环境经历会影响环境态度。例如,温暖的本地户外温度似乎能促使接受全球变暖,居住在接近废渣处理池或废弃物处理地区会促使与这个地区有关的关心。在切尔诺贝利和三英里岛,在核反应堆损害本地环境后,本地居民对原子核动力的态度变得不那么有利,随着时间推移,观点发生更多变化,总体上,关心大体上回到事故前水平。

九、环境知识与教育

环境知识经常被认为与环境关心有密切联系。一些证据支持这种观点:非正式学习自然知识(如阅读、看电影、讨论等方式学习)的孩子,和拥有特定环境问题知识的青少年表现出更高的环境关心水平。然而,知识和态度之间的联系并没有总是被发现。

知识获取的方式似乎很重要。与那些看电视的人相比,阅读报纸的个体往往报告较高水平的环境关心,除非看电视的人花费绝大部分时间观看科技频道、新闻或自然纪录片。然而总体上,电视观众不大情愿为环境牺牲他们生活方式的某些方面,如观看大众娱乐节目。

人们接受的教育类型能影响他们的环境态度。私立学校的学生经常比公立学校的学生有更多更强的环境关心,但是有些时候,相反的现象也会被观察到。在大学里,与环境教育专业学生或参与生态保护项目的学生相比,公共事业管理和技术专业的学生往往显示较低的环境关心和较低的"亲环境行为"承诺。然而,在所有这些例子中,在他们刚开始学习时,这些学生可能有不同的环境态度。

第五节　环境态度的强化途径分析

一、大众媒介和信息

大众媒介对公共环境态度有一个积极的或消极的影响作用。例如,美国大众媒体作为气候变化的怀疑论源头已经被引用,在美国可能带来对《京都协议书》支持的削弱。然而,大众媒介一样成功被用于教育公众如何回收利用再循环的物质资料。

在一般或特定问题上,对公共环境的关心,不可避免地卷入大众媒体的参与。因此,理解如何有效地交流沟通劝说性环境信息,能导致环境关心的实质性上升。许多信息设计原则已经被提出,例如,较悲惨的信息能导致公众对气候变化的理解上升,授权的信息比牺牲的信息更有效,这些大多数已经被近期的评论所总结。通常,一个有效的媒体信息通常有四个特征:它必须是内部一致的、符合受众心理模型的、保持受众注意力的以及拥有情感成分的。Moser警告每一条信息的设计必须考虑的不仅是信息的目标,也要考虑信息的受众、信息本身、交流者、交流的通道以及信息被接收的背景。没有单独的环境信息在每一个背景中都是有效的,环境信息需要特别的注意,因为缓解缺少即时性,例如,积极的结果出现较远,行动的即时性益处不是明显的。

二、环境教育

环境关心的提升,能通过正式的教学情境得到促进。然而,教学项目,包括环境教育成分并不总是有效的,有些时候,甚至有相反的效果。一个元分析指出 34 个这类教育教学项目仅有 14 个有积极效果。印刷的预定偏见是明显的结果,许多研究表明,不成功的项目可能在于研究者的文案设计上。

有些时候,环境教育项目(在大学或初等学校)能成功增加环境知识,但不是环境关心。这种现象发生的可能原因,是因为与结果的经验相比,具有更多的直接的自然经历可能性,才致使环境关心增加。例如,参与野外经验的高中学生,会表现出环境关心的上升;参加夏令营环境教育项目的孩子们(9 ～ 14 岁)与一开始没参加的孩子们相比,有较高水平的环境关心。

一些环境教育方法似乎比其他方法更有效。例如,对本地的能源保护教育中,使用模拟方法、把问题当作一个故事呈现(对于青少年的前期而言),或非合作性的游戏(对于儿童)都能增强对环境问题的态度和提升相应的行为。作为问题调查和行动训练的技术(IIAT)似乎也能产生环境态度承诺。靠聚焦在特定环境问题和指导发展创新的解决方案,IIAT 的学生获得了关于问题的知识、环境问题解决的技能以及解决问题的信念。积极的问题解决,能引起"亲环境行为"的发生。这个项目已经成功在中等和高等学校的学生中实施。

成功的环境教育项目建议已经被提出,概括为以下几方面。

第一,使项目与学生当前的知识、态度和道德发展相适应匹配。

第二,能解释每一个问题的两个方面。

第三,鼓励学生与自然或户外发生接触联系。

第四,促进个人责任感。

第五,引起对问题的控制感。

第六,知道潜在的行动策略和能使用行动技能。

第七,在教学之前能掌握这个问题。

第八,能发展社会规范去帮助环境保护。

第九,能增强环境敏感性。

第十,在项目中包含情感成分。

第五章 生态文明视野下的环境危害与环境行为研究

在电影《2012》中,地球在 2012 年 12 月 21 日面临世界末日,全球性大地震、海啸、风暴等毁灭性灾害同时出现,整个世界走向尽头。虽然《2012》只是电影,它通过夸张和震撼的效果将灾难对人的影响凸显出来,但不可否认的是,环境问题变得越来越不可忽视了。除了像电影中描述的这些令人印象深刻的自然灾难,如洪水、地震、海啸等,我们还面临着一些觉察不到的危险,比如有毒气体、噪声、气候变暖等环境问题,这些危害对人的影响是缓慢的,甚至是悄无声息的,有时候人们根本意识不到慢性危险的存在。今天的环境心理学家关心与环境有关的问题,包括环境灾难、天气和气候、空气污染,以及它们对人产生的影响。在这一章,我们将对这些内容进行详细讨论。

第一节 气候与行为

秋高气爽、凄风苦雨等成语是形容不同的天气或季节对人们的心情和行为的影响。现在的科学已经验证了在某种程度上天气或气候可以影响人们的心情,比如季节性抑郁症。为什么气候或者天气会影响人们的行为? 它们通过什么途径进行影响以及产生的具体影响是什么呢? 这节将探讨与这些问题相关的内容。

一、典型气候现象

气候是指长期存在的主要天气状况或一般情况下具有的天气状况。如今,科学家普遍关心的一个气候问题就是全球变暖。二氧化碳的释放量不断增加,造成地表温度不断上升的现象,被气象学家称为全球变暖。在平衡的生态系统中,生命体中碳的重复循环构成一个整体的食物链,保证了全球的碳平衡。数百万年以来,地球表面温度的变化都是有规律的,气象学家们认为,温室效应是地球得以保持温度的自然现象。现在人类活动干扰了正常的碳循环,气体的积累量超出了植物(因为人类的原因,它们在不断地减少)光合作用的承载力,就形成温室效应。

温室效应还与很多其他因素相关,比如臭氧层空洞。臭氧本身就是一种温室气体,它的浓度及在大气中的分布也会对地球大气温室效应产生影响。2000 ~ 2006 年,南极臭氧层空洞最大时面积将近 3 000 万平方千米,差不多有 3 个中国那么大的面积,占据了整个南极洲,其中心地区的臭氧总量与正常值相比耗损了70% 左右。臭氧层空洞使到达地面的紫外辐射强度急剧增加,这将会加剧温室效应,影响地球气候,危害农业和渔业生产,导致更多未知、严峻的生态后果。

温室效应还会加剧厄尔尼诺现象[①]的发生,厄尔尼诺现象出现的首要条件就是全球气温的上升,而厄尔尼诺年气候异常的主要原因也是气温上升引发的一系列结果。

全球变暖会打破自然平衡,带来严重的后果。首先,地表温度的上升和雨量的变化。在未来,温室效应的发展可能会使气候带分别向两极移动数百公里,目前的热带雨林可能会永远消失,最终变成沙漠;如果二氧化碳发展为现在的 4 倍,肥沃、潮湿的

---

① 厄尔尼诺现象是指热带中、东太平洋表层海水大面积升温,由于水的比热容比空气约大 4 倍,密度约大 1 000 倍,因此海水的微小变化(如 0.5℃)所释放的热量使其上空的大气环流发生剧烈变化,从而造成的一种气候异常的现象。

赤道地区将会干涸；森林毁坏得越多，全球变暖进程就越快，越无法制止。其次，地球温度上升将会引起极地冰川融化，导致海平面的上升，沿海城市将会被淹没，最终造成大批的世界性环境难民。最后，会使海平面温度上升，加快气流的形成和移动过程，增加飓风和其他气象灾害的发生概率。

二、气候对行为的影响

自然界不同的气候使地球上不同区域的人类形成了不同的人种，也使不同区域的人们形成了不一样的性格。研究表明，人类的行为不仅要受大脑的支配，还会受气候条件的影响。比如，生活在寒冷地带的人，由于气候原因室外活动不多，大部分时间在一个不太大的空间里与别人朝夕相处，所以就养成了能够控制情绪、具有较强的忍耐力和耐心的性格；生活在热带地区的人，由于气候原因，室外活动的时间较多，生活在那里的人因为高温性情易暴躁而发怒。不过，气候究竟怎样影响人的行为，目前还没有确定的理论或数据对此进行说明。

目前，关于气候与行为间的关系，主要有三种不同的观点：气候决定论、气候可能论、气候概率论。

气候决定论认为，气候一定会引起一类行为，比如高温会引起犯罪。气候可能论认为，气候对行为有一定的制约作用，它使人们的一些活动可以进行，另一些活动不能进行。比如，中雪的天气允许人们滑雪，但小雪的天气则不可以滑雪。气候概率论是介于两者之间，认为气候不是导致某种行为产生的决定性因素，但却影响了某些行为出现的概率，比如下雪减少了人们开车的可能，但增加了人们参加冬季运动的可能性。实际上，这三种观点并不相互排斥，它们适用于行为的不同领域。

在适度的高温环境中停留的时间稍长，对身体不会有什么大的损害；从低温环境进入高温环境，身体也会自动调节适应。这种适应过程叫作环境的适应性，它主要包括生理调节机制的改变,如进入高温环境后,会流出很多汗。环境适应性不同于适应环境:环境适应性指适应环境中的各种刺激,如温度、风、湿度等;适应环境指适应环境中的某种特别刺激。环境适应性是可以遗传的,可以让后人更好地生存下来并遗传给后代,还有一些环境适应性是后天获得的。

由于在感知和认知水平上,人们对环境特性的理解往往有着不确定性,感觉器官也无法感知一些隐性的环境状况,如臭氧层污染、核污染等。在一个相对较长时期里的气候变化,人们也很难对它们有直接的知觉。个体的这些局限要求环境心理学研究重视建构社会心理学、宏观的取向,取代个体主义、局部的取向,重视在社会文化和集体水平上关注人们的环境行为和意识。这在某种程度上说明了在研究气候和行为之间的关系时,实验室研究方法的局限性。

第二节　灾害、污染与行为

一、灾害与行为

人类进入工业文明时代以来,科学技术飞速进步,经济实力大步提高,人口数量急剧膨胀。在追求发展的同时,人类对自然环境展开了前所未有的大规模的开发利用,与此同时也引发了严重的环境问题,甚至环境灾难。环境问题具有了与以往完全不同的性质,并且上升为从根本上影响人类社会生存和发展的重大问题。

进入 20 世纪之后,随着资源的过度开发和生态破坏愈演愈烈,环境问题已经成为当今世界最重要的问题之一。温室效应引发的全球气候变暖,南北极上空臭氧层的破坏,自然资源的耗竭,全球性生物多样性的减少,固体有害废弃物的大量产生和堆积等一系列的环境问题,已成为人类社会实现可持续发展的最重要障碍之一。严格来说,一切危害人类和其他生物生存和发展的环境结果或状态的变化,均应称为环境问题,即环境灾害。

（一）自然灾害及其对行为的影响

1. 自然灾害的概念

我们很难给自然灾害下一个准确的定义,因为很难确定一个精确的标准。一般而言,自然灾害是由自然界的力量引发的,不受人力控制。因为它们是控制地球和大气的自然界的产物,所以人们必须学会在遇到它们时该如何面对。此外,界定是什么构成了灾难是一件棘手的事情。有什么可以把灾难和那些不太严重的事故以及系列事故区分开来呢? 例如地震和台风,这些事件并不总是造成破坏。所以,在定义自然灾害的时候,需要有一个分界点或标准,在一定破坏程度以上是灾难,不达到这个标准就不是灾难?

美国联邦应急管理局(FEMA)给出的定义是:通常说,灾难是干旱、海啸、地震、飓风、龙卷风、暴风雨、满潮、暴风雪、爆炸或其他灾难性事件,破坏足够严重,以至于总统认为应该进行必要的灾难援助。这个定义包括一些突发事件以及对这些事件是否会造成足够的破坏的判断,事件的性质以及破坏的程度通常被官方当作判断灾难的标准。但这个定义只是用来确定是否需要进行紧急救援和救济的,它所关注的仅仅是与这些救援行动有关的问题。

夸兰泰丽认为,考察灾难的破坏程度,应该看它对社会的破坏性,即个人、群体、组织的功能在多大程度上被扰乱了,不能再像以前那样发挥作用了。那么,到底多大的破坏才能区分灾难和一般的“混乱场面”,我们暂且可以将自然灾害定义为,由于自然力量给社会带来破坏的事件。我们可能也会假定这种破坏必须是实实在在的。下面我们再从自然灾害的特征来区别一般事件和自然灾害,从而丰富它的定义。

2. 自然灾害的特征

自然灾害具有很多重要的特征：它们是突然的、强力的以及不可控的，它们会带来破坏以及混乱，而且一般持续时间较短，等等。

自然灾害最具代表性的特征是不可控性。因为人们并不能指引地震发生在某个地区而远离这一地区，它们在哪里或以什么规模出现是由自然条件决定的。

自然灾害往往发生突然，而且一般是不可预测的。虽然人们能获得一些预警，但通常没什么时间准备或逃离，而且人们并不能预测灾难发生的准确地点。它们持续时间很短，往往只是持续几秒到几分钟的时间，很少会超过几天。寒冷和干旱等的时间或许会持续得久一些，但大多数风暴和地震等灾难都结束得很快。

自然灾害的破坏力有时非常巨大，而且常常是实实在在的。换言之，它们确实常常带来破坏甚至是浩劫。灾难的一些特征能帮助人们预测灾难会产生什么危害。事件持续期即灾难事件对人们产生的影响会持续多久或者它发生的时间有多长，是一个重要的变量。一场灾难持续的时间越长，受害者就越有可能遭受危险和伤害，因此时间越长的灾难带来的影响就会越大。与之有关的是灾难的最低点，即形势可能达到的最坏点，过了这个点之后灾难造成的威胁开始消退，形势开始改善，人们的注意力也将放到次级应激源以及重建工作上。①

3. 自然灾害对行为的影响

有关自然灾害对行为和心理健康所产生的影响的研究有不同的结果。一些研究认为灾难来源于深层的不安和压力，这些不安和压力可能会导致长期的情绪问题，而其他研究则认为这种心理影响是突发的而且在危险过去之后会快速地消散。

实际突发事件的最初影响可能非常剧烈，人们的反应可能是

---

① [美]保罗·贝尔.环境心理学[M].朱建军，等译.北京：中国人民大学出版社，2009：198.

被吓到了。在面对自然灾害时，人们最不常显露的就是惊慌。一些人面对灾难的即时反应是撤退，大多数人是震惊，还有些人的反应却是漠然、不相信、伤心或是有一种同其他人谈论此事的强烈欲望。自然灾害还带来了沮丧、压力、焦虑和其他诸如此类的不安情绪，它限制了人们的行动自由及活动范围，耗尽了资源，并造成人员短缺现象，从而导致一个社区的崩溃与瓦解。灾难带来的生命威胁，与灾难之前或之后其他加深恐惧及应激的因素一起作用，会诱发情绪的变化从而导致至少是短暂的心理健康问题。研究显示，灾难的受害者在灾难发生不久之后更易出现应激症状和情绪问题。

一些研究还表明，整个灾难的结果可能是积极的，因为它增强了社会凝聚力，比如在汶川地震中，受灾群众和爱心人士自发地聚在一起相互救援。

随着灾难事件的过去，我们所看到的心理健康问题及与应激有关的反应也会随之减少。研究发现，大多数洪水、龙卷风、飓风和其他自然灾害的受害者都会出现强迫思维、焦虑、抑郁以及其他与应激有关的情绪障碍。研究者曾经认为这些影响会持续一年，但是实际上不会持续那么长的时间。此外，这些影响并不像人们想象的那样广泛。研究发现，超过 25% 甚至 30% 的受害者很少在灾难发生数月后心理还会受到影响，只有那些在灾难中损失最大、受害最严重的人，才会受到持续的心理影响。

灾难的持续影响如果比较深刻，就被称为创伤后应激障碍，这是一种经历了创伤事件后的焦虑障碍，患者经常不由自主地回想起创伤事件，但又很想快点忘记这些事件，经常会伴有社会退缩、睡眠失调、高度唤醒等症状。由于 PTSD 令人衰弱而且难以解决，因此常被看作灾难引起的一种极端结果。对于灾难受害者，PTSD 似乎经常与强迫思维及脑中不断重现灾难片段联系在一起。

社会支持与灾难。社会支持对于帮助人们应对压力具有很重要的作用。在某种程度上，灾难所带来的积极的社会影响可能与灾难对社会支持方面的影响以及个人对社会网络的适应感有关。社会支持通常被定义为一个人被别人视为有价值的、值得尊重的，而且能在需要的时候获得别人的帮助、情感支持以及其他援助。拥有更多社会支持的人通常能更好地处理应激问题，而且在灾难过后较少会出现适应问题。

Kaniasty 和 Norris 提出，灾难让受害者可获得的社会支持减少，降低社会支持在缓解压力方面的有效性。人们在遭受灾害之后，对社会支持的需求会大幅度提高，同时灾难似乎也降低了社会支持的数量。因为在灾难过后，大家都受到同样的影响，因此大多数成员都需要帮助。同时那些有可能提供支持的人在灾难过后要面对的支持需求急剧增长，可能会精疲力竭或者无法满足这些需求。当对支持的需求远远超过了可获得的数量时这种情况就会出现，这也直接增加了灾后应激以及调整的难度。

（二）科技灾难及其对行为的影响

在很大程度上，科技水平的提高增强了人们对自然环境的控制感，也增强了人们对自然环境危害的适应水平。当生存或健康遇到持续的威胁，人们就会制造机器或其他工具来解决问题。但在解决问题的同时它们也会出现问题，比如交通事故、有毒化学物质泄漏以及桥梁坍塌等。这些灾难的特点不同于自然灾害，其结果也不尽相同。

1.科技灾难的特点

第一，科技灾难不是自然力量的产物，是人为的，是由人类的过失或失算造成的，或者说是人类广阔的技术领域里的失败所造成的。

第二，科技灾难通常比自然灾害更有可能威胁人们的控制感，这是因为科技事故是人们控制上的失误造成的，它动摇了人们以后对事物的控制力的信心。人们从未想到会发生这些事故——科技产品的设计就是要求它们从来不会突然出现故障，而且在它们不能再发挥作用时会及时警告人们。但科技灾难降低了人们对科技的想当然的支配感,进而降低人们在生活的其他方面的支配期望值,并导致压力的产生。

第三,自然灾害通常会带来大量的破坏,而人为事故的破坏性通常不是那么明显。人们对科技灾难不太熟悉,它们不常发生,但具有潜在的普遍性。自然灾害会选择它们发生的地点,飓风通常在海边,而龙卷风多在内陆。科技事故根本不可预测:你不可能像预见一场暴风雪一样预见一个从未发生问题的东西突然出现故障。科技灾难的打击通常是突然的,没有一点预警,而且这些事故发生的速度也使它们很难被避免。大的电力故障会使城市陷入数分钟的黑暗,但是一般很快就会修复。这类技术故障通常比较短暂,即使出现最坏的情况也会很快过去。然而另外一些科技灾难却很漫长,而且不会有清晰的"最低点",例如,某些情况下,人们知道自己接触过有毒化学物品或辐射,但并没有意识到这些情况造成的后果通常是长期的,因为疾病要潜伏好多年,也许还有很多不确定的因素。在有些科技灾难中并不存在什么从某点开始,事情会慢慢变好的"最低点"。也许最坏的事情已经过去,也许还只是个开始。因此,这些事故结束后人们很难回到正常的生活中。

第四,自然灾害和人为灾难之间另一个可能的区别是灾后社区的反应。正如先前提到的,自然灾害过后社区的凝聚力以及成员的归属感都加强了,社会关系的这些变化会给灾后的重建和恢复工作带来至关重要的资源。而一些研究表明,人为灾难过后,更可能发生的也许是邻居之间的争论与冲突。人们对这些事故只有愤怒、挫败、怨恨、无助、防御以及其他一些极端态度,而找不到任何支持、合作的迹象。

2. 科技灾难对行为的影响

科技灾难的即时效果通常与自然灾害的即时反应是一样的,特别是在它们的持续时间、突发性方面都一致时。弗里茨和马克思在 1954 年对一些人为事故进行了研究,这其中包括一场空难——飞机直接冲进了正在观看飞行表演的人群中。在接受采访的受害者中只有不到 10% 的人反映在灾难发生时有种"不受控制"的感觉,而另一些人则感到迷惑和糊涂,还有一些人则做出富有建设性和理智性的行为。

当科技事故所带来的冲击持续较长时间的时候,自然灾害和科技灾难的影响就不大相同了。一些人认为科技灾难的后果要比自然灾害的后果更加复杂,持续得更久。科技灾难的受害人普遍体验着长期的精神痛苦,包括情绪障碍。灾难所带来的一个十分明显的后果就是更多的强迫思维以及对灾难的回忆。一些研究发现,强迫思维以及创伤后应激障碍与人为灾难有关。而且有研究发现,急性 PTSD 与创伤后精神障碍经常同时发生,或者说急性 PTSD 是创伤后精神障碍的一部分。PTSD 中的悲痛症状是灾后最初反应以及灾后应对的根本,而持续的 PTSD 会加重抑郁或其他心理障碍强迫思维或记忆,被证实是使灾难具有毁灭性的原因之一,因为它们引起了灾后长期的应激。

科技灾难除了能带来悲痛,一般还会导致行为受限、控制感丧失以及伴随这些状态的其他问题。

二、污染与行为

在这里,我们着重分析一下空气污染及其对行为的影响。空气污染现已成为危害人类生存与发展的重大社会问题,据世界卫生组织(WHO)估计,目前全世界有 16 亿人生活在含有高浓度污染物的空气中,每年有几百万人死于与空气污染相关的疾病,而且这一数字还在继续增加。可喜的是,随着社会经济的快速发展、人民生活水平的逐渐提高及环保意识的不断增强,人们对环境质量的要求提高了,对空气污染的关注也随之增多了。

（一）空气污染的概念及其现状

1. 空气污染的概念

所谓空气污染，即指空气中含有一种或多种污染物，其存在的数量、性质及时间会伤害到人类、动物及植物的生命，损害财物或干扰舒适的生活环境，如PM2.5、硫化氢的存在。可见，我们所理解的空气污染与国际标准化组织（ISO）总结的大气污染的概念基本一致，即"由于人类活动或自然过程引起某些物质进入大气中，呈现出足够的浓度，达到足够的时间，并因此危害了人体的舒适、健康和福利或环境的现象"。因此，两个词汇具有通用性。

究其原因，空气污染主要是由人为因素和自然因素两个方面造成的。森林火灾、火山爆发、腐烂的动植物、煤田、油田等释放出来的有害气体造成的空气污染属于自然污染，而工业生产、农业生产、交通运输、居民日常生产活动等造成的空气污染属于人为污染。其中后者是现今空气污染的主要来源。

2. 空气污染的现状

随着人口的急剧增加和人类经济的飞速增长，地球上的空气污染也日趋严重。在2012年的时候，蒙古国首都乌兰巴托连续三年被世卫组织评为世界空气污染最严重的十大城市之一，据媒体报道，乌兰巴托因蒙古包区和平房区用烧煤、木柴取暖，市区几个发电厂排放污染气体，以及机动车尾气等共同原因所致的空气污染相当于每人每天吸4～5包香烟的危害，而且近几年的空气污染程度在逐年加剧，严重威胁到居民的身心健康。据统计，全世界每年排入大气的污染物有6亿多吨。目前，全球性空气污染问题主要表现在臭氧层破坏、温室效应和酸雨三个方面。

近年来，我国空气污染严重，人们积极应对重污染天气以防污减霾，虽然该工作取得了很大的成效，但由于种种原因，我国空气污染状况依然十分严峻，主要表现为：城市大气环境中总悬浮颗粒物（TSP）浓度普遍超标；机动车尾气污染物排放总量迅速增加；二氧化硫污染保持在较高水平；氮氧化物污染呈加重趋势；全国形成华东、华中、华南、西南等多个酸雨区，其中华中酸雨区最为严重。2011年进行的一项盖洛普调查显示，香港地区市民已经成为世界上受污染困扰最严重的群体，70%的被调查者表示对每天所呼吸空气的质量严重不满。据香港环保组织"健康空气行动"发布的调查结果显示，每10万香港死亡病例中，有43例的死因是因为空气污染，比例之高位列世界第八。从调查数字看，香港空气污染的致命程度比内地高出20%。

我国能源结构中有3/4是以煤为原料组成的，空气中几乎全部的烟尘、大部分二氧化硫和一半以上的悬浮颗粒物都来自煤炭的燃烧，所以我国的空气污染类型属于煤烟型污染，以粉尘和酸雨危害最大，污染程度还在不断加重。按世界银行的估计，全世界空气污染最严重的城市有50%在中国，亚洲地区排放的二氧化硫有66%来自中国，这些都与中国的能源结构有关。21世纪上半叶，我国能源开发和消费仍会以一个较大幅度的增长，而我国的经济发展水平和能源资源的特点决定了"以煤为主"的能源结构将长期存在。

因此，控制煤烟型空气污染将长期作为我国空气污染控制领域的主要任务。当然，对其他方面可能造成的空气污染也要进行预防和控制。

（二）空气污染的类型

按照空气污染中污染物扩散的广度，可将空气污染分为全球性污染和地方性污染。

1. 全球性污染

由二氧化碳等引起的温室效应、二氧化硫等引起的酸雨污染、氯氟烃等引起的臭氧层破坏，它们的危害不仅在本地区、本国，还经常波及邻国，是全球性的，因此称为跨国界的污染。如北美死湖事件，加拿大东南部和美国东北部是西半球工业最发达的地区,这两个地区每年向大气中排放二氧化硫 2 500 多万吨,其中约有 100 多万吨由加拿大飘到美国,380 万吨由美国飘到加拿大。20 世纪 70 年代开始,这些地区便出现了大面积酸雨区,酸雨导致湖滨树木枯萎、多个湖泊池塘漂浮死鱼。

要缓解和解决此类污染,最重要也是最困难的,就是如何采取行动。这不是任何一个国家的单独行动,而是整个国际社会的艰难选择,需要世界各国共同商议制定的国际公约或协议(如《京都议定书》)来约束,然后各国根据规定采取科学技术手段达到目标或要求,这需要国际社会真正持久地进行全球环境治理方面的合作。

2. 地方性污染

汽车尾气的污染一般局限于城市道路及其附近,臭气的污染多在发源地及周围,此类污染波及面小,仅是局部的,故可称为地方性污染。对地方性污染的控制主要由国家或地方政府制定法规来约束,在此基础上,还需要各地区或各户居民采用可行的技术手段进行治理。

根据燃料性质和污染物的组成,空气污染可被分为石油型、煤炭型、混合型和特殊型污染四类。

(1)石油型空气污染

主要污染物是烯烃、二氧化氮、链状烷烃、醇、羰基化合物,以及它们在大气中形成的臭氧等,主要来自石油冶炼、汽车尾气及石油化工厂的废气排放。

(2)煤炭型空气污染

主要污染物是在工业生产中煤炭燃烧时产生的烟气、粉尘、二氧化硫以及家庭炉灶等取暖设备排放的烟气等。

(3)混合型空气污染

主要污染物来自以石油及煤炭为燃料的污染源排放,以及从工厂企业排出的各种化学物质等。例如,日本川崎、横滨等地区发生的污染事件就属于此种污染类型。

（4）特殊型空气污染

特殊型空气污染是指有关工厂或企业排放的特殊气体所造成的污染，这类污染常限于局部范围之内，如氯碱工业周围形成的氯气污染、生产磷肥的企业排放的特殊气体引起的氟污染等。

根据污染物的化学性质及其存在的大气状况，可分为还原型空气污染和氧化型空气污染。

还原型空气污染多发生于以煤炭为主要燃料、石油为次要燃料的地区，故又叫煤烟型大气污染。主要污染物是二氧化硫、颗粒物和一氧化碳。在高湿、低温、弱风的阴天，特别是伴有逆温存在时，这些一次污染物容易在低空聚集，形成还原性烟雾，引发污染事故。早期发生在英国的伦敦烟雾事件就属于此类情况，所以这种大气污染也称作伦敦烟雾型。

氧化型大气污染多发生在以石油为主要燃料的地区，汽车尾气是该地区的主要污染物，所以又叫汽车尾气型大气污染。其主要的一次污染物是氮氧化物、一氧化碳、碳氢化合物等，这些污染物在太阳短波光作用下发生光化学反应生成臭氧、醛类、过氧乙酰硝酸酯等二次污染物，这些污染物具有极强的氧化性，对眼睛黏膜组织有强刺激性。著名的洛杉矶烟雾事件就是典型的氧化型大气污染。

按围护结构，空气污染还可分为室内空气污染和室外空气污染。近年来，室内空气污染越来越引起人们的重视。据说，其污染浓度有时高出室外几十倍甚至上百倍。据"世卫组织"称，每年室内空气污染造成160万人死亡，约每20秒就有1人死亡。室外空气污染，即我们经常所说的空气污染。

（三）空气污染的危害

空气中主要的污染物，概括起来可分为两类，即颗粒状污染物（如烟、粉尘、雾等）和气态污染物（如二氧化硫、二氧化氮、臭氧、硫化氢、二氧化碳、氨气、氯气、一氧化碳等），这些污染物不仅对人的健康有很大的危害,而且会影响动植物的生长、发育以及全球气候变化。

1. 对人体健康的危害

人体需要呼吸新鲜空气以维持生命,一个成年人每天呼吸 2 万多次,吸入空气达 15 ~ 20 立方米。因此,被污染的空气对人体健康有直接的影响。空气中的有害物质主要通过三条途径侵入人体,分别是人的直接呼吸、附着在食物或溶于水中被人食用和接触或刺激表面皮肤,其中通过呼吸而侵入人体是最主要的途径,其危害也最大。空气被污染后,由于污染物质的来源、持续时间和性质的不同,人的年龄、健康状况和性格的差异,对人体造成的危害也不尽相同,但大致可分为急性危害、慢性危害、致癌作用。

(1)急性危害

在弱风、高湿等特定条件和环境下,当大气处于逆温状态时,污染物便不易扩散,使空气中的污染物浓度急剧增加,这就容易造成空气污染急性危害事件的发生。此时,人们的生命安全受到严重威胁,极易出现快速中毒甚至死亡现象。1952 年的英国伦敦大雾就是因为工业生产中燃煤所产生的烟尘和烟雾散发不出去,从而导致千万人呼吸道感染,短短 4 天里,死亡人数达 4 000 多人。其中,支气管肺炎、慢性支气管炎和心脏病患者死亡最多。1991 年日本四日市石油冶炼和工业燃油所排放的工业废气,使空气中二氧化硫的浓度超过标准限值的 5 倍,致使全市哮喘病患者疾病发作。1929 年 5 月 15 日,美国克利夫兰的克里尔医院发生一场火灾,有 124 人死于吸入大量含有由硝化纤维的感光胶片着火而产生大量的二氧化氮。

美国洛杉矶、日本东京、澳大利亚悉尼、意大利热那亚等汽车众多的城市都先后出现过光化学烟雾等急性危害事件,这些危害事件对患有心肺等疾病的老人和儿童的威胁最大 。

（2）慢性危害

当人体长期接触低浓度的污染，会产生慢性的、难以辨别的远期效应，这种效应往往不会引起人们的注意。空气污染对人体健康的这种慢性危害是由污染物与呼吸道黏膜表面接触引起的，主要表现为鼻、眼黏膜刺激，慢性支气管炎，哮喘，肺癌及因生理机能障碍而加重的高血压、心脏病等。比如，20世纪五六十年代美国呼吸道疾病死亡率增加1倍多，肺气肿死亡率增加4倍；日本、西欧近20年呼吸道疾病增加9倍。

（3）致癌性

随着工业的迅速发展和人口急剧增长，大量燃烧煤炭、石油所产生的化学物质使空气中致癌物质的数量和种类日益增多，在众多的污染因素中，目前我们能确定有致癌作用的就有数十种，如某些脂肪烃类、多环芳烃及金属与非金属元素（铍、镍、砷）等。环境中还经常存在一些致癌物，如氮氧化合物和二氧化硫等，它们与致癌物作用于机体，会增加致癌概率。当与机体内激素分泌失调、免疫功能衰退、营养不良等内因一起作用时，这些外因会促使癌症的发生。

我国云南省某县居民用烟煤取暖做饭，由于没有排烟设备和炉灶，室内空气严重污染，居民肺癌死亡率居全国之首，其中以女性为多。工业致癌物（如石棉、砷等）、吸烟等环境因素也被认为是肺癌患者日益增多的主要原因。这里要强调的是，被动吸烟的人的发病概率甚至比吸烟的人还高。空气污染还可能引起胎儿发育，如多氯联苯能引起皮肤色素沉着症；甲基汞能引起胎儿先天性水俣病；除此之外，还会使细胞发生突变，造成人体畸形。

2. 对生物的危害

空气污染物中，尤其是氟化物、二氧化硫等会对植物造成十分严重的危害。污染物浓度不高，会对植物产生慢性危害，使植物叶片营养不良导致褪绿，有时表面上看不出危害症状，但生理机能已受到影响，造成植物品质变坏、产量下降等；污染物达到一定浓度时,会对植物产生急性危害,使植物叶表面产生伤斑,或者直接使叶片枯萎脱落。动物会因吸入污染空气或吃含污染物的食物而发病或死亡。

3. 对全球气候的影响

从长远来看,空气污染不仅对全球气候会产生一定影响,而且会产生十分严重的影响。有学者研究说,人们认为在有可能引起气候变化的各种空气污染物质中,二氧化碳具有重大的作用。从地球上无数工业烟囱和其他各种废气管道排放到大气中的二氧化碳,约有一半停留在空气里。如果空气中的二氧化碳含量按照现在的速度增加下去,不仅会产生温室效应,许多年后还会使南北极的冰川融化,导致全球的气候异常。

反过来,全球气候变暖将严重威胁生物多样性,同时它可能导致的灾害和异常天气现象会给人类社会发展造成巨大的经济损失。在空气污染的背景下,随着全球变暖,中国气象灾害有逐年加重的趋势。以 2006 年为例,旱灾、台风、地震、洪涝、泥石流、风雹、雪灾、山体滑坡、低温冷冻、病虫害等各类自然灾害都有不同程度的发生,各类自然灾害死亡 3 186 人,农作物受灾面积 41 万平方千米,倒塌房屋 193 万间,直接经济损失 2 528 亿元。有研究表明,未来 20 ~ 50 年中,气候变暖将严重影响中国长期的粮食安全,如果不采取有效的措施,到 2030 年,中国种植业生产能力总体上可能下降 5% 甚至更多,到 21 世纪后半期,主要粮食作物水稻、小麦以及玉米的产量,最多可下降 37%。上述种种情况将严重制约中国经济发展的速度。

除此之外,尘等气溶胶粒子增多,使大气浑浊度增加,太阳辐射减弱,进而影响地球长波辐射,也可能导致气候异常。

（四）空气污染对行为的影响

随着人类经济文化的发展,心理问题对人们生活质量的影响日益明显,这间接促使一个新课题的产生:空气污染对人们心理健康与行为的影响。如空气污染物中的一氧化碳会影响人的反应、双手的灵巧程度以及注意力。严重的空气污染至少影响几种社会行为:人际关系、娱乐行为以及攻击行为。当空气质量不佳时,人们不愿意进行户外活动。研究证实,空气污染会带来更多的敌意和攻击性行为,减少人们的互助行为。最后,空气污染还会引起心理问题,易怒、抑郁、焦虑都会出现。另外,有些精神疾病也与空气污染有关。

先前有研究显示,长期暴露于被污染的空气中会引发体内炎症,导致高血压、糖尿病和肥胖等多种健康问题。最近,又有新的研究显示,长期暴露于被污染的环境中可能会改变大脑构造,影响学习能力和记忆力,最终引发抑郁。这是因为空气中的有害物质会让海马体中的促炎细胞因子更活跃,而海马体易受炎症影响。

目前由装修材料所产生的挥发性有毒有害物质所造成的室内空气污染和居民身体健康危害也受到广泛关注。研究发现,污染物超标家庭居民各因子得分均高于非超标家庭,且阳性项目数差异有统计学意义,这就提醒我们室内空气污染对人群心理健康也存在一定的影响:一方面室内空气污染会引起人体不适,出现各种不良建筑综合征(SBS),进而导致个体出现心理健康问题;另一方面有机溶剂为神经性毒物,其早期、低剂量作用可表现为神经及心理行为功能的改变,有机溶剂混合物对作业工人的心理状态也有一定的影响。

室内空气污染可能是现代社会心理疾患加重的重要外源性物质性因素之一,我国学者提出,室内空气污染与心理疾患的关系是通过机体产生的过敏性炎症所介导的,室内空气污染可能是现代抑郁症和非自杀行为的重要原因之一。

在人们面临各种压力的今天,"办公室心理污染"也越来越成为不可忽视的问题。"味道污染"使人头脑发胀、无精打采,进而造成嗅觉的短暂消失;长久处于同一个环境还会使人昏昏沉沉、头晕眼花、心不在焉,使工作效率低下,甚至有时会感觉心情郁闷。虽然对人体健康暂时不会有什么影响,但长期在空气污染的环境下工作,人们会注意力难以集中、烦躁不安、视觉模糊、恐惧,甚至情绪激动、焦虑,容易与人发生冲突,富于攻击性。

由此可见,空气污染对人体身心健康的影响和危害是明显的。所以要保护好人体健康,就必须保护好我们赖以生存的环境,保护好人类生存的地球。这就要求我们必须从我做起,从现在做起,尽可能地减少污染,保护环境,为创造一个舒适的生活环境而努力。

第三节　应对环境危害的行为措施

随着环境与气候的日益恶化,大自然已经给人类的生存环境亮起了红灯,加之人为的事故,全世界各国人民都遭受了极大的危害。不可否认,科学的进步使人类具有了预报、预防、减轻一些大规模自然灾害的能力。然而,在四川汶川大地震的记忆仍让人痛彻心扉,邻邦日本又连连遭受地震、核泄漏和海啸的打击之时,我们发现人类并没有也不可能完全避免灾害,其巨大的破坏性不仅表现在物质方面的经济损失以及对社会秩序和人民生命安全的威胁,更表现在它们给人的心理带来的强烈创伤。因此,应对环境危害,不仅需要人为控制空气污染、减小灾害发生的概率,还要关注人们的心理健康、提高人们的心理素质,以应对不可避免的环境灾害所造成的巨大压力。

一、减少大气污染的有效措施

大气污染防治工作一直是环保的重要领域,近年来,国家发布了《节能减排综合性工作方案》《国务院关于印发"十三五"生态环境保护规划的通知》,采取了脱硫优惠电价、区域限批、限期淘汰等一系列政策措施,加大环境保护投入,实施管理减排、工程减排、结构减排,取得了显著成效。

防治大气污染是一个体系庞大的系统工程,需要个人、集体、国家,乃至全球各国的共同努力,可考虑采取如下几方面措施。

第一,减少污染物排放量。改革能源结构、多采用无污染新型能源(如水力发电、太阳能、风能)、改进燃烧技术、用低污染能源(如天然气)、对燃料进行预处理(如烧煤前先进行脱硫)等均可减少排污量。另外,在污染物进入大气之前,使用除尘消烟、液体吸收、冷凝、回收处理等技术消除废气中的部分污染物,可减少进入大气的污染物数量。还可采取推广使用优质煤(低硫低灰分)、大力推广和强制使用清洁燃料等措施。

最重要的是,要大力发展循环经济。"3R原则"是循环经济的核心,"3R原则"即减量化(reduce)、再使用(reuse)和再循环(recycle),具体做法是尽量减少原料投入和废物产生,尽量延长产品的使用周期,实现生产过程中废气、废水、废渣以及日常生活废物的循环利用。发展循环经济还要求在尽量减少一次性能源利用的基础上,开发利用无污染的清洁能源。

第二,控制排放和充分利用大气自净能力。气象条件不同时,大气对污染物的容量就不同,即使向同一空间排入同样数量的污染物,造成的污染物浓度也不尽相同。对于通风好、风力大、湍流盛、对流强的地区和时段,大气扩散稀释能力强,可接受处理较多的污染物;而矿产企业逆温的地区和时段,大气扩散稀释能力弱,不能接受处理较多的污染物,否则就会造成严重的空气污染。

因此对不同地区、不同时段的排放量要进行有效的控制。

第三，厂址选择、城区与工业区规划、烟囱高度、气流设计等要合理，不要过度集中排放，不要造成重复叠加污染，避免局地严重污染事件发生。

第四，绿化造林，种植更多的植被，使更多植物吸收污染物，减轻大气污染程度。利用生物净化，即生物通过代谢作用，使污染的环境得到净化，提高环境对污染物的承载负荷。在生物净化中，绿色植物和微生物起着重要作用。

目前我国改革生产工艺，控制废气的排放时间，减少汽车废气排放等工作也已全面展开，相信不久的将来祖国的天空会更蓝，清新的空气会更宜人。

二、防止室内空气污染的有效措施

第一，提高室内空气污染防治意识，养成良好的生活习惯。每天定时开窗通风换气，即使在冬天也要坚持；烹饪时切勿将食用油过度加热，同时应打开抽油烟机或开窗换气，降低烹饪造成的室内空气污染。

第二，在室内装修时应慎重选择建筑、装饰材料，切忌过度装修。在选购家具时应选择实木家具，尽量不选择密度板和纤维板等材质的家具，以减少粘合剂中甲醛的释放。刚装修好的房间不要急于入住，应开窗通风一段时间后再入住。由于建筑、装饰材料和家具中甲醛的释放是一个长期缓慢的过程，入住以后仍需每天开窗通风换气，以保证房间中有足够的新风量。

第三，尽量不在室内饲养宠物，毛毯、被褥和地毯应该经常在阳光下晾晒，以避免滋生尘螨。在室内培育一些绿色植物，可起到一定的净化空气的作用。当感觉室内空气质量不好时，可以请具有资质的检测单位进行检测。

三、应对环境灾害引起的轻度心理障碍的措施

身体出现疾病好医治,但是心理出现疾病就不是很好治愈的。幸存者虽然留住了性命,但心中却容易留下难以愈合的伤口,没有健康心理的人不是完整意义上的人,救人的根本不但要拯救生命,而且要恢复心理健康。灾后很多人的轻度心理障碍和情绪波动可以自我恢复,而另外一部分人会转变为严重的心理障碍,这是为什么? 心理学研究人员发现,回避负面、否定的认知是导致灾后严重心理障碍的危险因素,它们大大妨碍了人们心理健康的恢复。因此,从以下几个方面开展预防,可减少心理问题的发生,降低严重心理障碍的发生率。

（一）普及相关知识

第一,可以通过电视、报纸、互联网、广播等多种渠道及时发布自然灾害和突发事件的信息,普及灾难本身的相关信息和灾难发生时的逃生技巧,使人们对灾难有更冷静、科学的认识,帮助个体更理智、客观地面对现实,纠正错误、不合理的认知,减少一些不必要的恐慌,这在一定程度上会减少灾难造成的影响。广泛开展应对自然灾害的全民教育,使民众及时了解各种自然灾害所带来的危害,以及避免和减少这些危害的相应方法、措施,发动民众和社会各界投入防灾、减灾的工作中。

根据世界银行和美国地质调查所的计算,目前情况下,如果在备灾、防灾和减灾战略中投入 400 亿美元,就可以在世界范围内使自然灾害造成的经济损失减少 2 800 亿美元。也就是说,人类社会在备灾、防灾和减灾战略中投入的经费,可以在灾害到来时以 7 倍的数额得到补偿。

第二,灾后加大心理卫生知识的普及,让人们意识到自己产生的哪种情绪是正常的,周围的人也有过类似的情绪;而哪些又

是不正常的,超出了自我控制能力的范围,需要求助于专业人员才能解决的。比如,内疚感和愤怒是人们为逃避灾难带来的强烈的无能为力的感觉所采取的一种应对方式,当灾后重新建立新的控制感后,就会放下内疚感和愤怒。为何要逃避强烈的无能为力的感觉?心理学家认为人的情感需求中需要控制感,彻底的无能为力是极其可怕的。重大灾难破坏了人的控制感,强烈的无能为力的感觉就会随之产生。当人们了解了这些情绪产生的机制,明白在灾难来临的那一瞬间,我们在相当程度上的确无能为力,那么心结自然就会打开一些。

（二）打开情绪发泄的窗户

这一点对我们来说非常重要,中国人在情绪表达方面比较委婉、压抑,平时劝人时也喜欢说"不要难过了""不要哭,要坚强""有什么大不了的"等。其实恰恰相反,此时我们应该说的、应该做的就是让幸存者把痛苦、悲伤甚至是攻击情绪发泄出来,并告诉他们这是一种正常的情绪反应,绝对不是不坚强、软弱的表现。我们还要使有此类情绪问题的人明白,及时的发泄是非常必要的,因为情绪发泄后理性思维才会回到大脑,内心才能逐步恢复平静。因此,要学会缓解各种负面情绪,要敢于把内心的感觉向朋友、家人倾诉。整个社会要努力营造一种能让幸存者把负面情绪顺利释放、宣泄的氛围。

（三）呵护关怀柔弱孩子的心灵

儿童的心灵比成人心灵更加脆弱,灾难事件对儿童造成严重的心理创伤,有的甚至会影响其一生的心理健康。假如不进行有效的心理干预,创伤后应激障碍、强恐惧症、焦虑症等各种心理障碍出现的概率就会很高。

当孩子出现诸如发脾气、过于害怕离开父母、攻击行为、怕独处、吮手指、遗尿、要求喂饭和帮助穿衣、注意力不集中、情绪烦躁、容易与其他人发生矛盾等行为的时候,家长就应意识到该儿童的心理可能受到了创伤。当发现孩子有这些症状时,家长不能急躁,要时刻关注孩子的行为,多与孩子沟通交流,使他们明白灾难只是一种自然现象。同时,家长还应多关注孩子,倾听孩子的心声,让他们明白父母永远爱着他们,他们是安全的。若父母自己无法解决问题,应及时寻求专业人员的心理援助。

（四）培养良好的行为习惯和方式

第一,保证充足的睡眠,尽量让自己恢复正常的生活作息。如果失眠,可以用舒缓的音乐让自己平静下来,或者在医生的指导下借助药物进入睡眠。

第二,学习放松技巧。深呼吸就是一种最简便的自我放松方法,当觉得烦躁、焦虑或者恐惧时,可以多次深呼吸,这样就会觉得轻松不少。另外,生物反馈法、肌肉松紧法等都是有效的方法。

四、应对严重心理障碍的措施

（一）急性应激障碍（ASD）干预

强烈的应激性生活事件引起了急性应激障碍,所以心理治疗具有重要的意义。首先,要让患者尽快摆脱创伤环境,避免进一步受到刺激。经常与患者沟通交流,建立良好的医患关系,对患者进行支持性心理治疗和解释性心理治疗可能会取得很好的效果。要帮助患者建立起自我心理应激应对方式,发挥个人的缓冲作用,避免过大的伤害。处理的关键是鼓励让患者将心中的不满、痛苦和悲伤等负面因素宣泄出来,让他尽量说出来或哭出来;同时,要运用接受性和包容性语言一边安慰一边引导,如"你的感受我完全可以理解"等。

在与患者进行心理交流时,不可避免和患者讨论应激性事件,需要因人而异,与患者会谈交流事件的经过,包括患者的所作所为和所见所闻。这样的讨论将有助于减少有些患者可能存在的对自身感受的消极评价。要告诉患者,人们在遭受天灾人祸之后,在身体和心理上都会有一系列的反应,这些反应包括失眠、频繁做噩梦、忧虑、恐慌、情绪低落,有的人会心神恍惚,也会烦躁易怒,难以集中注意力,但是,这些反应都是人类正常的应激机能,很多人的症状都会有所缓解,虽然很多症状将会持续一段时间,但是不会严重到影响正常工作和生活。要对患者强调指出,在大多数情况下,人们面临紧急意外时,大部分人都不能做得令人满意。

（二）创伤后应激障碍（PTSD）干预

理论上讲,PTSD 的危机干预可以预防疾病发生,缓解躯体症状和精神状态,预防不良后果的发生。我们可以根据莱纳等人提出的创伤应激处理十步模型来进行干预:评估对自我及他人的危险性;考虑伤害的身体及知觉机制;评估能动性水平;确定治疗需要;观察及识别每个个体的创伤应激症状;作自我介绍,声明你的角色和任务,并开始与对方建立关系;通过允许当事人陈述他(她)所经历的事件使其慢慢平静;通过积极的、投入的倾听向其提供支持;提供有效的、模式化的教育与引导;使当事人面对现实,展望未来,并提供转介建议。

（三）药物干预

药物治疗是心理干预的辅助方法,对于临床症状明显的患者,常需要药物治疗,适当的药物可以较快地缓解患者失眠、回避、抑郁、焦虑、过度警觉、恐惧等症状,便于心理治疗的开展和奏效,为心理治疗打好基础。

广泛宣传和大力普及全球环境变化知识、引导公众建立有助于减少环境危害的消费模式和生活方式、提高公民保护全球环境和气候的意识,是政府社会管理、公共服务职能的重要组成部分,是政府不可推卸的责任。当然,应对环境危害不是一朝一夕的事,也不仅仅是政府的事,它与每个人的生活息息相关,多使用一根铅笔、多开一会儿空调、多踩一次油门……都与环境危害紧密相连。多一个人从点滴做起、从自身做起,用实实在在的行动来保护环境,成功应对环境危害的希望就增加了一分。

第六章 生态文明视野下的私密性与环境设计研究

生活真是妙不可言,它悄无声息地教会了我们很多东西,使生活成为有规则可循的事件组合。私密性就是这样的一种社会规则,我们中的大多数人都了解、熟悉它,并自发地应用它。比如情侣约会,我们会选择僻静的地方,极亲昵的举止,总是发生于别人的视线之外;夫妻吵架声音不会太大,最好把门关上;办公室里可以谈天论地,但不要谈个人私事;接听男朋友的电话语调应有所节制,不应太过放肆;去别人家做客,应有计划性,到达目的地不要太早,不能离开得太晚;两栋住宅楼不要靠得太近;在晚上睡觉的时候卧室应该拉上窗帘;卫生间的玻璃应该是不透明的,从外面看不到里面,坐在客厅里不应看到马桶,也不应该看到卧室里又大又软的席梦思,等等。很明显,为了生活的幸福和安康,我们必须非常熟练地平衡自己的期望、别人的需要和现实环境之间的关系,以获得自己的并照顾别人的私密性。今天,私密性不仅仅是心理学家的术语,而且常常被政治科学家、社会学家、人类学家和律师所提及,它代表了私密性在社会、文化和法律中的普遍意义。这里我们将探讨私密性的性质、拥挤与密度、影响私密性的具体因素以及私密性与环境设计分析。

第一节 私密性概述

一、私密性的定义

如今私密性已经成为人们熟悉的名词,人们也经常提及并讨论私密性。私密性总的来说可以概括为行为倾向和心理状态。

物理状态有两个方面:撤退和信息控制。撤退包括个人独处、和别人亲密相处或与环境中的视觉和听觉障碍隔离。信息控制包括匿名,也就是说,不需要别人知道自己的任何事情。保密,即个人隐瞒某些事实,如人们常说的隐私权,当然,不包括隐瞒犯罪。由此可以看出,私密性是一个复杂且多义的概念。为了用简单的语言解释什么是私密性,空间行为研究者阿尔托曼做了如下的定义:对接近自己或自己所在群体的选择性控制。从这个定义我们可以看出,私密性不仅仅指的是独自居住,而是指对生活方式和交往方式的选择和控制。

空间行为研究者阿尔托曼认为,对私密性的概念理解,关键是要在一个动态的、辩证的方式下理解环境和行为的关系。独处是人类的需要,沟通也是人们的需要。人们可以在很多方面表达这些需求,包括语言表达和非语言表达。何时、何地、独处或交往,和谁在一起,通过怎样的方式,取决于个性、年龄、角色、情绪、场合等因素。人们总是试图在主观上保持最佳隐私水平。当人与人的接触度与实际接触度相匹配时,便达到最佳的隐私水平。个人选择的范围越大,控制力越强,这种感觉就越满意。

二、私密性的功能

私密性有助于建立个人的经历所反思性地理解到的自我。儿童成为成年人的第一步是建立区分自己与他人的能力的基础上的。这是一个自我定义和自我再认识的过程,这个过程依赖于调节自己与他人社会交往方式与性质的能力,如果人们觉得可以有效地处理自己和他人的关系,调整自己的社会交往能力,就会提高自信心和应对环境的能力;如果不能控制和他人交往的程度,将失去这种信心和能力。

自我认同在一定程度上依赖于自我评价,自我评价是把自己和他人做比较,确认自己的能力、缺点和社会价值。然而,这种评价必须能够使自己置身于相应的社会背景中,面对日常生活中的各种活动。私密性也有助于个人建立和保持自律,从而增强他们的独立性和选择感。没有自律,他们就无法控制与社会环境的互动。

我国的传统文化是喜欢热闹的场面和团聚的场面,比较强调大家、团体而忽视个人的思维模式,对于喜欢接触、经常互动的人,经常给予"活泼、平和"等好的评价,对于喜欢安静、偏爱独处的个体倾向于给予"孤僻、不合群"等负面评价,并往往以此来划分人物的性格好坏,舆论压力往往使后者担心他将成为别人眼中性格孤僻、不合群的人,从而导致不必要的心理压力。实际生活中,性格再活泼的人,有时候也需要安静的个人空间,再喜欢安静、独处的人,有时候也需要热热闹闹的环境。独处或共处,安静或热闹都是个体的选择。个人的选择应得到适当的满足,个人的控制需要得到应有的尊重。如果个人信息被过分暴露,尤其是视觉上的曝光,会使人感受到隐私的入侵和失去对消极情绪的控制。一些研究者发现,这种情感更有可能使人产生反社会倾向,那些一天到晚受到监视的精神病患者和狱中囚犯的这种消极情感尤其明显。

第二节　拥挤与密度

从环境心理学的角度对拥挤概念的认知过程,其实就是识别"拥挤"和"密度"的过程。越来越多的研究者意识到高密度的物理状态和拥挤的心理体验是不完全一样的,他们提出自己对拥挤和密度的看法。斯托克斯认为,密度是一个物理状态,涉及空间的限制和在一个给定的空间的人口数量的数学方法。拿波里等人强调密度指的是一个表达方式,它涉及个体可用的物理空间的数量。密度可分为两类:社会密度和空间密度。前者可以通过改变固定空间中的人数来操纵,后者可以在保持数字不变的情况下操纵现有空间,强调特定环境中人均占有量的大小。

一、拥挤的概念

拥挤的概念是多种多样的,研究者从不同的角度定义拥挤。斯托克斯认为,拥挤是一种心理应激状态时,个人的空间需求超过供应的实际空间。这是个体在有限空间中的主观体验。其他研究人员的观点包括:拥挤是一种约束和行为状态的干扰;拥挤是指一个人无法得到的隐私级别,不能完全控制与他人之间的其他社会交往需要;拥挤是指在社会地位或感官过载状态过度刺激源;拥挤是指一种按照由个人认识到另一空间中存在着别人而导致的压力来衡量的心理状态。中国学者俞国良强调拥挤是一种主观的、消极的心理状态,当一个人感觉到太多的人在一个给定的空间,拥挤会出现。总之,密度是一个客观的物理指标,可以直接测量,不涉及人的感知,反映了人均空间的大小,同时,高密度是反映空间不足的物理状态,是导致主观拥挤感的核心要素之一,但不一定会对情感及行为带来负面影响。作为高密度和相应的空间知觉判断的限制是一种拥塞难以直接测量,需要通过人的感知的形成,伴随过度兴奋和生理的、心理的压力特性和行为,并导致了一系列的拥挤复杂的心理经验和主观经验的负面影响。

整体来看,外国研究者对拥挤的研究发展过程是由简单到复杂、由单一到整合。绝大多数早期研究将"拥挤"和"高密度"画上等号,只注重考察拥挤的客观层面(如密度、个人空间),但是忽略了"主观拥挤"相对而言所具有的多元性、复杂性。虽然一些研究者采用将简单任务作为因变量进行的早期研究并未发现高密度会影响任务完成,但是在增加任务复杂性、信息加工水平或人员互动程度之后,高密度不但会损害认知任务的成绩,而且会导致各种负面的生理和心理影响。随着对拥挤现象、拥挤产生机制及拥挤理论认识的深入,研究重心逐渐由以"密度""个人空间"为代表的拥挤的单一客观层面,转向对于以下深层问题的探讨:"知觉到的主观拥挤压力"的产生机制、构成维度和影响作用;密度和拥挤之间的调节因素和相互关系;客观拥挤和主观拥挤对于各种生理、心理、任务表现的影响差异性等。

二、拥挤的影响

(一)拥挤对动物的影响

拥挤对动物的影响作用多为早期研究的重点。上文提到绝大多数早期的研究将"拥挤"和"密度"混为一谈。20 世纪 60 年代开始,心理学家们充分研究了高密度对动物的影响,主要是对老鼠的影响。对动物来说,改变社会密度比改变空间密度能引发更有力的影响。这些包括生理的、行为的和情绪的。一般而言,动物对空间和食物等维生资源的激烈竞争,密度增加导致目标导向行为的干扰因素的增多以及接触各种引发行为干扰刺激的机会的增多等,都是产生这些影响的原因。

1. 高密度对动物的生理影响

研究表明,在高密度环境下生活的动物,在生理上会受到负面影响。其中许多生理反应同一般适应综合征所引发的生理反应相一致。例如,研究发现,在高密度环境下,动物会出现荷尔蒙分泌失常现象,并且免疫系统也会受到破坏。高密度也会导致动物的血压读数上升。其他一些研究也表明高社会密度和高空间密度将会导致动物内分泌失调,这往往是种应激指标。

高密度对内分泌功能所造成的一种严重后果就是它会削弱公鼠或母鼠的生育能力。研究发现,以啮齿类动物来说,在高密度的条件下,繁殖力会大幅度下降,生殖器官的大小和活动也受到负面影响。公鼠在高密度环境下产生的精子数量要比在低密度下产生的精子数量少,高密度环境中母鼠的发情期要比低密度环境中母鼠的发情期来得迟一些。此外,怀孕的鼠类如果处在拥挤中,幼鼠的出生率较低,且幼鼠的情绪和性行为也会受到干扰,在拥挤环境中成长的幼鼠体型也相对要小一些。还有学者认为,过高的动物种群密度引起的长期刺激和压力增加使得肾上腺的荷尔蒙持续分泌,肾上腺增大,进而导致生理崩溃和死亡,美国东部大西洋海岸的马里兰州一个孤岛上的鹿群就出现过类似的现象,当鹿群繁殖到"人口过剩"的极点时,死亡率残忍地上升了,通过尸体解剖,发现这些动物的肾上腺明显增大。

2. 高密度对动物的行为影响

一些有趣的研究发现:对高密度的操纵可以明显地打乱动物界正常的社会秩序,可影响动物的性行为、攻击行为、母性行为和退缩行为。John Caldwell Calhoun 是这一领域的先驱者,他描述了他的作品中高密度是如何影响非人类动物的。他对挪威老鼠的实验是拥挤理论研究历史上的一个里程碑。在这一实验中,老鼠被关在由四个相邻围栏构成的"观察室"中,并提供充足的食物及其他生活必需品,让它们繁殖直到过剩。

事实上,"观察室"中老鼠大量繁殖,导致数量过多增加,对所有成员都产生了负面影响。其中两个围栏有两个出入口,所以公鼠不可能建立支配权并防止其他鼠群的入侵,这会导致极度拥挤和正常行为的完全崩溃。卡尔霍恩称这种现象为"行为消极"。他认为,当某个区域的动物数量过多时,它们就不能维持正常的社会组织能力,动物群体本身就会失衡,导致行为消极。实验发现,在高密度的生活空间中,大约80%以上的幼鼠在断奶前流产。而母鼠行为已经彻底变态,停止筑巢,整日同公鼠厮混在一起,完全忘记了自己作为"妻子"和"母亲"所应尽的职责,其母性行为受到严重干扰。发情期的雌性老鼠被一群雄性老鼠疯狂追逐,无法抵抗攻击,大批雌性老鼠在怀孕或分娩期间死亡。公鼠出现三种变态行为:第一种是公鼠呈现出双性恋状态。第二种是公鼠呈现出极度社会退缩状态,完全忽略其他公鼠及母鼠。第三种公鼠作为"探察者",行为异常活跃、性欲极强、凶残无比,甚至嗜食同类。高密度可大幅度地增加战斗和攻击行为。其他研究也表明,猴子、果蝇、猫、寄居蟹、猪、鸡、毒蜘蛛、沙鼠、蜻蜓、青蛙和可怕的阿利根尼树鼠都会在高密度之下表现出较大的攻击性。

（二）拥挤感的产生及其对人类的影响

1. 拥挤感的产生

拥挤感的产生,离不开以下几个情境前提。

（1）物理情境前提

物理环境即物理因素,是指通过相互作用或与其他因素的相互作用来增加或减少拥挤压力的前提条件。拥挤感产生的物理情境前提,主要有以下两个。

第一,空间物理情境前提。对于影响空间物理学的一些因素,一些研究已经讨论了通过改变空间密度或社会密度来在短时间和长时间暴露于高密度环境中的拥挤反应。结果表明,高密度有助于形成主观拥挤体验。可以这么说,高密度是形成主观拥挤感不可或缺的因素之一。例如,在 Edwards 等围绕泰国曼谷的高密度住宅中的住宅环境主、客观拥挤关系展开的深入研究中,发现高密度和主观拥挤感之间具有中等相关关系,而且首次指出客观拥挤和主观拥挤之间的关系是非线性的,即两者之间存在着一种天花板效应,使得当客观拥挤增加到一定程度时,其影响会明显减弱甚至完全消失。另外,研究表明,高密度也会引起负面影响,如增加生理唤醒和降低任务绩效。

个人空间入侵是拥挤感的一个准确而敏感的空间物理预测因子。长期以来,个人空间入侵一直被许多研究者认为是导致主观拥挤的重要核心休闲因素之一。正如一些研究人员指出的那样,拥挤的心理体验是由侵犯个人空间而不是现在的绝对人数造成的。也就是说,个人空间入侵可能是拥挤的主要原因之一。从20世纪50年代初至今,国外针对个人空间侵犯的实证研究已经长达半个世纪之久。相关的研究结果表明,个人空间侵犯会导致非语言的不适标志、被侵犯者的物理退缩(即离开侵犯场所)、在不选择离开且无法增大人际距离的情况下,为减少个人空间侵犯影响而进行的下列非言语补偿行为反应——减少目光接触、采用较为间接的身体取向、采用物体来制造自己与他人之间的界限、使用障碍物(如手臂)来阻挡他人等,而以上反应受年龄、地位、相似性、侵犯者的身体取向、情景等因素影响。

第二,非空间物理情境前提。非空间物理的前提条件主要涉及建筑设计变量,如房间的形状和隔墙板的使用。一些研究表明,使用矩形设计、额外的隔板和更高的天花板可以在一定程度上减少拥挤的感觉。此外,少量针对住宅环境拥挤现象的研究曾尝试性地指出,对通风、光照、噪声水平及隔声设备、温度等非空间性物理环境因素的整体满意感同居民拥挤感的形成关系密切。通过排除上述非空间环境压力源所带来的额外刺激,良好的整体非空间物理环境评价可在一定程度上增强个体对他人存在的容忍性,并缓解由不良空间环境因素等导致的个体拥挤感。

(2)社会情境前提

根据弗雷德曼密度和强化理论,拥挤对人有没有积极的影响,也不会产生负面影响,而仅仅会强化个体对该情境原本具有的通常反应。例如,倘若最初身处友好而愉悦的环境,且对他人的存在做出积极反应,那么高密度情境将会进一步加强这种积极反应。换而言之,因为高密度本身只起加强作用而难以确定个体对某情境及其中他人所作出反应的性质,所以它不一定会造成普遍的负面影响。社会情境前提主要强调社会支持型人际关系。Nagar 和 Paulus 曾在自编"住宅拥挤体验量表"中指出,住宅成员间的积极关系和消极关系构成了"知觉到的拥挤感"内部机制中的两大核心维度。此类关系因素在负面物理空间因素引发居民拥挤感的形成过程中发挥着重要作用。这一方面验证了弗里德曼的密度——强化理论,另一方面则暗示着由良好社会关系带来的社会支持在缓和拥挤压力影响方面所具有的显著作用。

众多研究者一致指出,社会支持在压力调节方面具有重要作用。根据由科恩和 Wills 首先提出的"社会支持的缓冲模型",作为缓和压力的一种有效手段和应对资源,社会支持通过减少压力事件的负面影响对处于压力环境中的个体起着保护性的缓冲作用。Sinha 和 Nayyar 的一项考察印度老年人群体"家庭环境知觉"和"个人空间需求"影响因素的研究验证了"社会支持的缓冲模型",其结果表明,拥有较高水平社会支持的参与者不但会做出更加积极的家庭环境评价,而且会因为将高密度环境下过多的社会互动界定为不具威胁性质,不会导致其"个人空间需求"减少,而使得其所感受的拥挤体验、拥挤负面影响降低。可见,暴露于拥挤压力源人群之间的社会支持本身可以作为缓解拥挤压力的重要资源。

(3)个人情境前提

除了年龄、性别两类常规的个人因素变量外,产生拥挤感的个人情境前提主要包括以下特殊变量。

第一,暴露于拥挤压力源的时间。涉及该变量的大量实证、理论研究一致表明,经历拥挤压力源的时间越长,相关拥挤负面影响便越明显。首先,在压力源存在现场环境下的即时拥挤影响方面,初期典型研究可参照 Baum 等人和 Fleming 等人针对大学生宿舍和周边环境长期拥挤现象实施的现场研究。结果之一表明,身处难以控制的拥挤环境时间越长,便越会加强动机缺乏负面影响,同时增强随即显示出的无助或退缩行为。其次,在拥挤后效方面,Evans 和 Stecker 的新近研究进一步指出,虽未经实证调研,但可在前人研究基础上做出下列尝试性推论——延长拥挤暴露时间可能会扩大无助性等负面影响的推广性,即强化相关拥挤后效。例如,在长期暴露于拥挤压力源之后,即使在低密度环境中也能显示出最初经受长期拥挤压力所导致的习得性无助等"去动机"影响。并且,上述假设同样符合随后 Vischer 关于物理环境压力对工作表现影响研究的部分论述。其中,长期令人烦恼的负面环境因素可被界定为能够引发压力的,具有稳定性、重复性、长期性特征的日常烦扰琐事。此类负面环境因素的持续影响进而可能会造成一种延迟反应,使在去除压力源的情况下仍会影响行为表现。

第二,个人空间偏好。在个体空间实际大小的情况下,个人空间偏好越大,个人空间入侵越容易形成主观拥挤。早期的研究表明,更大的个人空间偏好的个体更容易产生各种高密度环境的负面影响,如表现出较强的生理唤醒、不安,以及在"改错"等任务上所体现的较差的工作绩效。Rustemli 也曾明确指出,拥有较大个人空间圈的个体通常会知觉到更多的拥挤感。Lawrence 和 Andrews 通过对男子监狱犯人的调查研究,发现个人空间偏好与其知觉到的拥挤水平之间呈显著正相关的关系。

第三,对高密度情境的过去经验。对某项高密度情境的个人经验会影响人们对其他高密度情境所引发的苦恼的感受程度。该研究领域存在两大方向迥异的指导理论体系:一是反映关系理论体系,主要包括去敏感理论和适应水平理论。前者由 Paulus 于 1988 年提出,强调个人如果在早期生活中曾经暴露于高密度情境,便会减少其对以后经历的高密度情境的敏感性。后者最初由 Helson 提出,随后由 Wohlwill 将其运用于环境心理学,强调个人早期经历的环境状况能够造成其适应水平的改变,也就是说,同先前极少经历高密度状态的个体相比,曾拥有高密度体验的个体可发展出一系列切实可行的应对措施并对随后的高密度环境做出更加积极的反应。总之,理论体系表明,个体对当前负面空间环境因素的反应在一定程度上反映了以往类似情景下的拥挤适应性、拥挤容忍度和拥挤敏感性。二是补偿/平衡关系理论体系,主要包括接近性理论、刺激理论和压力适应代价理论。其中,接近性理论的互补性假设和刺激理论一致认为,先前经历的环境中存在的较高人口密度和较小可用空间会使个体处于"相对接近人际互动/相对充斥社会刺激"状态,这会使其在随后环境中产生通过增大个人空间需求来减少接近性的意愿,以对原先过于接近的状态加以补偿,使整体刺激减少到个体想要的水平上,最终令其"接近性/整体刺激水平"达到平衡状态。因此,随后相同程度的高密度状态更易对其产生较大的负面影响,反之亦然。另外,属于相同解释方向的压力适应代价理论则主要强调,应对多种环境压力源的持续要求会造成疲惫及个人、社会资源损耗,这将降低个人应对更新环境需求的能力,同时对健康造成更大的负面影响。例如,Maxwell 针对长期暴露于高密度家居环境和儿童看护中心环境的四岁半幼儿展开研究,结果表明,暴露于拥挤压力源的过去经验并未能增强人们对此的适应性,两种场所的拥挤环境压力源相结合实际上会增加对幼儿行为的干扰。

2. 拥挤对人类的影响

(1)生理唤醒

情绪状态通常伴随着各类身体现象(心跳加速、血压升高、流汗、神经内分泌等生理变化)。Sartre 指出,这些客观生理现象是情绪体验的一个重要方面,因为一旦缺乏,情绪体验便可成为一种欺诈。因此,从拥挤研究开始至今,众多研究者均采用"生理唤醒",该研究的客观性和真实性是由身体有效地应对拥挤环境的应激源产生的客观压力指标来保证的,研究人员通过实验室和现场试验,测试了前、后的执行情况,调查了短暂性应激后的生理指标,如唤醒后的充血指数、心率、血压、皮肤,发现手心出汗、肾上腺素、去甲肾上腺素、皮质醇等指标呈上升趋势。

（2）任务绩效、任务坚持性、抑郁感等负面情感体验

Evans 和 Wener 曾在 2007 年针对 139 名高峰时期的火车乘客拓展性地实施了相关现场实验研究,研究的主要目的在于测定短期暴露于实验室或现场高密度状态后,被试立即解决困难或无法解答问题的坚持性。结果表明,对不可解决难题的坚持性随之降低。此外,一些研究结果还表明,任务坚持性随着长期居住场所密度的升高而降低。

通过改变实验条件和任务类型,在短期实验室研究和短期／长期现场实验研究中发现,在下列两类情况下高密度可对任务绩效产生较为普遍的负面影响:第一类,任务足够复杂,需要高水平的信息加工或高水平的认知技能。第二类,在完成任务过程中必须进行人际互动,特别是当他人的存在会阻碍任务所要求的自由走动时尤为明显。上述两种情况下高密度更容易产生负面影响的可能原因如下:根据刺激／心理超负荷理论的解释,高密度本身会增加成功应对身处环境的必须处理的信息的数量和复杂性,特别是对于以高刺激、高心理负荷为特征的复杂认知任务而言,在高密度环境下更易产生刺激／心理超负荷,进而降低任务绩效;根据唤醒理论的解释,对于完成某项任务而言,存在一种最佳唤醒水平,而复杂任务的最佳唤醒水平要低于简单任务的最佳唤醒水平,同时根据经典倒 U 曲线的假设,复杂任务在高密度环境下将更易产生绩效降低的影响;根据行为束缚／行为干扰理论的解释,在高密度情境下,特别是对于从事需要积极人际互动和来回走动的任务而言,他人在场将限制个人行为、行动自由,并阻碍、干扰任务目标的达成,最终可形成挫折感并造成任务绩效降低。以上几种解释在本质上均可归因为对环境控制性的缺乏导致的无助性动机缺失对任务绩效的负面认知影响。

对于负面情感体验而言,部分早期研究表明,对于复杂认知

任务而言,暴露于拥挤压力源所带来的心理超负荷、行为限制等环境控制性缺乏可引发系列负面情感体验。新近研究为突破传统实验室研究的局限性,纷纷采用现场实验研究以增强结果的现实推广性。Bruins 和 Barber 在超市现场测定"拥挤不适"的影响,结果表明,在高密度或低认知控制(未提供信息)情况下顾客在超市中会感到更加不适。Evans 和 Wener 在火车上实施的现场研究结果表明,座位密度("同排就座人数"除以"该排所有座位数")与乘客情绪之间呈现显著负相关关系。

对于负面心理健康状态而言,Nagar 和 Paulus 针对 298 名大学生被试实施住宿环境主、客观拥挤对于各类因变量关系的测量研究,结果表明,相对于客观拥挤而言,主观拥挤更能充分而准确地预测心理健康因变量,同时,客观拥挤自变量和各类因变量之间的关系似乎受主观拥挤中介变量的影响和制约。另一项现场研究同样验证了大学生住宿环境拥挤体验与心理焦虑之间存在的密切关系。

三、拥挤理论

(一)小型拥挤理论

1. 控制理论

行为制约理论和行为干预理论属于控制论范畴。也就是说,高密度环境中个体的控制和变化是形成拥挤体验的重要原因之一。这两个小理论相辅相成,相得益彰。行为限制理论侧重于在拥挤的环境中对身体施加的实际或感知的行为限制。这通常是由于行为自由的减少或缺乏,特别是当实际因素妨碍人们达到目标时,拥挤感会增强。行为制约模型可分为三个基本步骤:感知控制丧失、心理对抗和习得性无助。行为干预理论强调小空间、太多人数或太多的社会相互作用防止人们达成目标,活动受阻,导致挫折感。

2. 刺激理论

刺激理论可分为刺激超负荷理论、唤醒理论和适应水平理论。

（1）刺激超负荷理论

刺激超负荷理论强调过量的刺激和环境信息可影响人们的认知能力，即高密度环境提供给个体知觉的信息量超过了一定刺激水平、最佳唤醒水平和人类有限的信息加工容量，就会使其注意力处于超负荷状态并令其经历感官超载，最终导致压力和唤醒。相关行为后效包括判断失误、挫折容忍性降低、利他行为减少、注意力减少、适应性反应能力降低等。应对刺激过量的措施有以离开高密度环境为特征的身体退缩、以忽略其他人存在为特征的心理退缩、忽略次要刺激、回避他人视线和无关紧要的社会交往等。该理论较为具体，在关注信息加工能力限制的同时，可对刺激过多所造成的社会、行为影响做出预测。

（2）唤醒理论

唤醒理论的第一个方面是，高密度和个人空间侵犯可以增加生理和心理唤醒，主要是由于身体活动的增加和自我报告的主观唤醒水平增高。同时，唤醒水平与任务绩效之间的关系仍然是倒U型曲线。这个理论对身体和精神的觉醒水平高的归因理论的第二层，是 Worchel 提出唤醒和归因理论可以导致高密度，对个人空间的侵犯高唤醒水平，如果个人将增加的唤醒归因于环境中存在别人，而且距离自己太亲近，就会感觉到拥挤。觉醒理论有助于识别环境和行为之间的生理和情感中介变量。

（3）适应水平理论

适应水平理论通过个体的最佳适应水平和可能的适应范围来解释个体与环境的关系，是刺激超负荷理论和唤醒理论在理论上的延伸。这个理论假设适度的刺激水平会使个人或团体表现出最佳水平的行为，而过多或过少的刺激会对情绪和行为产生不良影响，人们会在不同的时间和地点适应不同程度的信息刺激。适应过程也表明，如果继续给予刺激，个体的判断或情绪反应就会发生变化，例如，与农村居民相比，城镇居民对高密度有较强的耐受性和适应性。因此,该理论还强调个体差异在适应水平上的存在。此外,当生活环境发生变化时,个体将逐步适应新环境中的理想刺激水平。总而言之,根据适应水平理论,个体和环境之间保持着积极动态的关系。

3. 接近性理论

基于补偿假设的接近性理论认为,当个体经历太少或太多的亲密时,他们会调整自己的行为以重建平衡。具体来说,如果一个人以前经历过一段相对较远的(或亲密的)人际交往距离,他会期望通过增加(或减少)可及性来弥补以前的距离行为。

4. 密度—强化理论

弗里德曼提出了一种密度—强化理论,该理论指出,非极端高密度本身是中性的,但扩大和加强对个人情况的初步反应,如果在一些愉快的环境,高密度将提高这一乐趣。也就是说,如果人们对他人的反应是积极的,当他们处于高密度时,他们会对他人做出更积极的反应,消极的反应也会增加。如果个人由于某些原因对他人的存在漠不关心,那么密度增加只会带来负面影响。

5. 隐私权调节理论

隐私权调节理论中的隐私权是划定人与人之间界限的方式。该理论模型表明,当预期的隐私需求水平难以实现时,隐私控制机制会暂时失效,高密度会产生负面影响。

（二）拥挤整合理论

在拥挤研究开始至今几十年期间内,许多研究者已分别针对拥挤产生机制的不同侧重点提出了上述众多小型独立拥挤理论。上述庞杂的拥挤理论交织在一起,会令迷惘的拥挤学习者和研究者感到无所适从,进而在更大程度上增加了拥挤研究的难度和复杂性。大量拥挤理论使读者感到迷惑的原因在于理论之间不仅解释的机制不同,其他各方面也有差异。例如,焦点各有所异:有的强调使人们将情境视为拥挤的物理环境特征,有的以拥挤感受产生时的心理历程为中心,有的则主要专注于拥挤的结果。在复杂度、分析层次、假设前提以及可验性方面,众多理论各有不同。因此,很有必要对一系列分散的拥挤理论进行进一步整合,从而能够更加充分地体现拥挤内部机制的完整形态。

为此,在1977年针对拥挤进行的国际座谈会上,拥挤理论的分散性和注重方面的多元性受到了与会人士的充分重视,在初步明确各类拥挤理论的用途和侧重点的基础上,会议通过专家讨论的方式对各类拥挤理论进行了初步整合。建立在本次会议成果的基础上,Gifford于1978年首次提出了当时最为全面而系统的包括各种主要拥挤理论的框架。该拥挤整合理论模型框架涉及拥挤产生的情境前提、心理历程及拥挤影响三大完整拥挤内部机制层面。在此基础上Bell等进一步提出了"在折中的环境—行为模式中高密度对行为的影响模型"。

四、拥挤感的消除

(一)利用建筑设计变量降低拥挤感

研究者指出,能够通过控制建筑变量保护个人空间从而降低拥挤感。可控制的建筑变量之一是房间形状。长方形房间更易保护个体前方的个人空间,因为较长房间的长度能使人们通过向后移动以恢复适当的前方距离,特别是当同陌生人进行互动之时,拥挤体验不会太强烈。然而,对于在各个方向上均具有同等大小的正方形或圆形房间而言,情况却并非如此。通过采用模拟法/投射法实验范式,Desor发现,同在正方形房间相比,在长方形房间中个体将体验到更小的拥挤感。

可控制的另一建筑变量是心理障碍物。个人空间侵犯将促进个体为恢复适当人际距离而实施相应的身体移动,当无法实现身体移动时,个体便可设立心理障碍物,例如,避免目光接触、交叉胳膊、设置隔挡或将家具摆放在面前等,虽然这些障碍没有恢复适当的物理空间,但是它们似乎有助于恢复心理空间。因此,房间设计应当应用障碍物帮助个体保护个人空间。这些障碍物不一定是永久存在的或者在视觉上坚不可摧的,只需令个体从心理上感觉个人空间受到了有效保护。研究表明,上述临时设置的心理障碍物可有效降低拥挤体验。

（二）利用赋予社会支持降低拥挤感

根据社会支持的缓冲模型,社会支持能够有效缓解压力影响,并增强人类对环境不利因素的适应程度。有五种常见的社会支持类别:情感关注,即聆听他人问题,表现出同情、关心、理解和确信;工具支持,即提供物质上的支持和服务;信息支持,即提供能改善个人应对能力的认知指导;评价支持,即对个人所做之事发表反馈意见;社会化支持,例如简单对话、娱乐、有陪伴的购物活动。

拥挤压力对女性产生的影响较小。原因正是在于更加擅长建立社会支持网络的女性会更加自由地同他人分享拥挤压力,而遵从坚强、独立等传统的男性则倾向于对拥挤压力情境闭口不言。Lepore 等人和 Sinha 等人的研究发现,同样是面对高密度,拥有低水平社会支持的人具有较高的个人空间需求,较易产生负面生理反应,且较易将由高密度引发的过度社会互动视为具有威胁性的。长期置身于高密度情境中,在高密度的负面影响下,人们需通过社会退缩以应对过多不想要的社会互动,缓解拥挤负面影响的社会支持网络遭到了瓦解,社会支持的缓冲作用消失了。

（三）利用知觉到的控制理论缓解拥挤感

研究表明,知觉到的控制通常可划分为认知控制、行为控制和决策控制,赋予高密度情境下人类一定水平知觉到的控制可有效降低拥挤感并缓解拥挤负面影响。日常生活实例证实,知觉到的控制感能够有效缓解拥挤感。例如,虽然音乐厅、迪厅、体育场的人员密度或许高于注册登记处人员密度,然而我们却能在这些场所度过愉快的时光,原因在于我们在对高密度情境特征具有准确预期的情况下自主选择进入音乐厅、迪厅和体育场,并将注意力集中于欢乐时光,具有充分的知觉控制。那么,我们该如何通过赋予注册登记处人群知觉到的控制感来缓解拥挤体验?首先,应对"被迫前往登记处"这一不合理观点提出质疑。我们在自主决定前往登记处之前是否已确定排队等候的优点大于缺点?例如,通过排队等候我们更有可能成功选择心仪的课程。自主决定性可有效确保知觉到的决策控制。其次,在实现对注册登记处高密度情境特征准确预测的情况下,我们能够提前计划打发等候时间的方法,例如阅读随身携带的小说、与一同等候的朋友聊天等,从而获得知觉到的认知控制。

(四)利用唤醒的错误归因理论降低拥挤感

个人归因具有可塑性和灵活性,即个人能做出的归因能够被现存的环境线索控制。灵活运用唤醒的错误归因理论能够显著改变个人空间侵犯影响,从而有效干预拥挤负面体验并且在不增大空间的情况下降低拥挤感。假如个体的注意力能够从环境中存在的他人身上转移开来,他将不太可能将自身唤醒归因为这些环境中的其他个体。因此,同其他将注意力集中于周围其他人的个体相比,他们将会体验到较低的拥挤感。图画、噪声、可引发唤醒的电影场景等唤醒的错误归因均可将被试的注意力从群体中其他人身上转移开来。在被试因其个人空间受到侵犯而引发唤醒的情况下,这种由上述唤醒的错误归因引发的注意力转移可使人们不会将"个人空间侵犯所引发的唤醒"归因于"他人同自己保持距离过近",进而阻碍拥挤归因、降低拥挤感。例如,篮球比赛中观众若将由个人空间侵犯引发的唤醒归因为比赛场地上振奋人心的比赛,便不会体验到拥挤感。再比如,乘坐公共交通设施时个人空间侵犯现象频频发生,而长期以来公交车、地铁内部经常张贴各类广告标识,根据唤醒的错误归因理论,如果这些标识涉及能够引发唤醒的刺激,便可被应用于缓解拥挤感。除此之外,另一种可能的拥挤干预机制是通过将其他人进行"去个体化",其结果是个体对其他人的注意力降低,并且不再将其看作为个体。因此,在去个体化情境下,人们不会将自身唤醒归因为这些被"去个体化"的其他人,因此"去个体化"能够在个人空间受到侵犯的情况下减少拥挤体验。

第三节　影响私密性的具体因素

私密性是每一个人都需要的社会需求,在任何时候和任何地方都有这样的要求。由于物理环境和社会气氛的不同,不同的人对隐私的行为、信仰和爱好有很大的不同。文化环境、个性和社会经验的差异使得一些人对隐私的要求比其他人更高。不同的物理环境,对人们的私密性也有不同的影响。概括而言,影响私密性的因素主要有以下两个。

一、个体因素

(一)性别

男人与女人在私密性方面存在着明显差异。Walden、Nelson和Smith对大学一年级新生做了问卷调查,这些大学生有一半住在两人一间的公寓里,另一半住在三人一间的公寓中。他们发现虽然住在三人间里的男女大学生都认为居住状况是拥挤的,但住在两人间里的男大学生要比同样居住条件的女大学生更觉得拥挤。令人感兴趣的是住在两人间里的男大学生精心布置他们的房间以尽量保证每人的私密性不受干扰,住在三人间里的男大学生则采取了一种走为上策的回避策略,他们并没有煞费苦心地安排自己的房间,而是有机会就远离这个烦人的地方。

与此相反,住在三人间里的女大学生待在公寓里的时间相当长,除了睡觉,每天有几乎 7 个小时,在高密度的情况下,女孩不像男孩那样消极,能表现出比较积极的态度。有意思的是当被问及"你们感到有多少私密性?"时,所有的被试都回答说他们(她们)得到了足够的私密性,这似乎说明每个人都以自己的方式与高密度的情境做斗争,并非常成功,以至于虽然感到拥挤,但他们(她们)说并不缺少私密性。

一些研究说,女人对付高密度情境比男人更积极,上述的工作只是为这个结论又增添了一个注脚。其原因可能是在高密度情境中女人们更同病相怜,比在同样情形下的男人们更喜欢或同情她们的室友与同伴,因而她们之间的合作要优于男人。也有可能女人们对高密度情境有更有效的私密性调节机制。譬如有报告说,在大学公寓里,女大学生比男大学生告诉室友更多的社交上的事情(信息上的私密性),而且在此环境里女大学生之间的关系更亲密更友好。相反,男大学生在对付高密度情境问题上似乎调整了他们对私密性的价值观,并在可能的情况下逃离这个地方。

以上研究都是在大学公寓里展开的,基于年龄的影响几乎和性别的影响一样广泛,所以来自非大学生样本的调查值得重视。Firestone、Lichtman 和 Evans 对护理环境的研究也发现女人比男人更适应那些身心受到限制的环境,这个结论足以支持女人这一优势现象——女人是"社会—情感"专家。

"妇女最初有能力使人与人之间的交流更容易,身体和心智成熟得更早,说话流利,口头表达能力更强,更有可能从人性、道德和美学的角度来看待世界。"

(二)个性

哪些人对私密性的需要更强烈呢?尽管此方面的工作不多,主题也较分散,但还是取得了一些一致的意见。

首先,自尊心不强的人对隐私的需求更强烈。Aloia 比较了生活在养老院里和不在养老院里生活的老人之后,发现自尊感与私密性需要之间存在着负相关关系。Golan 发现,那些有单独卧室的被试比那些合住一间卧室的被试在自尊感方面的得分高。私密性对个人的认同感和自尊感方面扮演着关键的角色,缺乏私密性的人具有较低的自我同一性和自尊感。私密性较高的人往往幸福感较低、自控能力差和焦虑程度更高。相对来说,比较焦虑的人往往需要隐私来保护自己,或有一个地方在受伤之后恢复。

其次,不能集中精力的人往往有更高的隐私需求,因为他们想摆脱别人的干涉。同样,性格内向的人,隐私的要求较高,性格内向的人比外向的人有更多的保留,而保留就是私密性的一种类型。Weinstein 对小学生在教室里的学习情况做了调查。她在一间大教室里布置了三间小的学习隔间,此三个学习隔间能为孩子们提供更多的私密性,免受别人的干扰。经过数星期的观察,她发现这种小隔间在小学教室里是不受欢迎的,只有那些不善于交际的、易于分心的和有较强攻击性的孩子才有可能选择此类小隔间,但此选择与孩子们的自尊感无关。

二、情境因素

(一)社会情境

社会情境也是影响私密性的因素之一,它包括你和谁在一起、你在做什么,你当时的感受,等等。私密性随着人的情感的变化过程,有复杂多变的情境。当你与恋人晚上刚约会时,当你与闺蜜讨论女生问题时,你们希望保持更多的私密性,但是当你与同事讨论工作时,当你与朋友谈论电影时,你们的私密性就不一定很高。同样地,你希望有一个单独的房间与律师讨论你们诉讼案件的具体细节,但你不会在街上和律师对申花队新外援高谈阔论。一般来说,我们对隐私的满意度随社会情况而变化。不幸的是,关于私密性的目的、动机、信念、价值观和期望的讨论并不是我们擅长的。还是把注意力集中在实质环境对私密性的影响方面。

(二)实质环境

实质环境是如何使得某些人偏爱较高的私密性,并让另一些人偏爱较低的私密性呢? 家庭密度在实质环境里是很有影响力的。是那些住在较拥挤房子里的人还是住在大房子里的人偏爱较高的私密性呢?

有两种理论可以预言家庭密度与私密性偏爱之间的关系,但这两种预言是完全相反的。从驱动力减弱的观点来看,可以预言,如果一个人在家庭里不能获得充分的私密性的话,他在其他场合会努力寻找更多的私密性以弥补在家庭里的损失。按照适应水平理论,可以预言,如果一个人在家庭里获得的私密性不是很高的话,那么他在其他场合里对私密性的兴趣也不会太强烈,因为他已适应此种状态。

Nancy Marshall 对独户住宅居民做了调查,她发现生活在大家庭里的居民偏爱较少的私密性。她推测说他们(大学生和他们的父母)已经适应了高密度的状况,因而比那些家庭人数少的被试更偏爱较少的私密性。似乎适应水平理论在这场竞争中占了上风,但需谨慎的是此方面公开发表的实证研究案例却很少,其中有的结论也在两可之间,或是不支持其中任何一方。不管最后的结论如何,家庭密度与私密性偏爱间存在着的影响是毋庸置疑的。

人类有着很强的适应能力,即便在非常拥挤的环境中。人们在这样的环境中不会有太多的隐私,人们会利用他们所能利用的资源来适应它。在病房的情况也是这样的,病房里经常可以看到4~6个病人共处一室,穿衣换衣,好友探访,亲属陪伴,和一些特殊的习惯暴露在别人面前,可是病人照样适应此类私密性差的环境。上述 Firestone 等人对护理环境调查以后说明,那些住在单独护理间中的病人比住在大病房里的病人期望有更多的私密性，尽管他们所拥有的私密性远远超过了后者。此研究与 Marshall 的结论一致，人们似乎已适应了他们的环境。

局促的住房条件必然导致家庭里私密性的缺失，但人们还是成功地适应了这种情况。是啊，有的人连婚姻都可以勉强，私密性的缺失又有什么不可以忍受呢？问题在于此种适应不是健康的适应。任何一位有理智的建筑师都会发现，随着我国经济的发展和住房制度的改革，以前因住房紧张被迫埋头在油盐酱醋堆里的人们对理想居住环境的需要，会随着媒体的宣传、房地产广告的煽动和阅历的增加，特别是经济地位的提高而被激发出来。私密性需要正是人们此种需求的一个部分。

Marshall 的工作还有一个发现：那些生活在具有开放平面特征住宅里的居民偏爱较少的私密性。开放平面是建筑学用语，指的是房间并没有完全封闭，空间与空间之间互相连通渗透。此结论与开放式办公室的很多同类调查所得结论完全相反。在后者的工作中几乎所有的学者都发现，工作人员偏爱在较私密的传统办公室，不喜欢开放式的大办公室。在开放式办公室里工作的雇员，由于他们的私密性受到影响而导致对工作满意度的评价较低。当办公人员从传统办公室搬迁到开放式办公室里工作以后，他们的工作满意度大大降低了。甚至 Block 和 Stokes 通过一个实验也说，办公室中理想的工作人员的数目为三人以下，当办公室里人数超过三人时，被试的满意度就下降了。

一般来说，员工对隐私的满意度与周围空间的封闭程度密切相关。私密性满意的最好的预报因子，是工作人员工作台周围的隔断和挡板的数量。私密性的满意度可以看成是环境能提供的单独感的函数。

不太清楚为什么在住宅里开放空间导致人们偏爱较低的私密性，在工作中开放空间又往往与对私密性的不满联系在一起，这不仅仅是由于地点不同所致。在理论上私密性的偏爱与私密性的满意是不同的，前者指人们希望有多少的社会接触，而暂且不论此种期望能否得到满足。后者指人们所期望的私密性在多大程度上得到了满足,但它不考虑对社会接触有多少期望。

私人信息的组织与管理也是私密性的重要组成部分,可是此方面的研究工作比较少。令人感兴趣的是什么样的实质环境会让你透露更多的信息。Chaikin、Chaikin、Derlega 和 Miller 的研究表明,工作的柔性空间让你流露了更多的东西。所谓的柔性空间指柔软的被子、温馨的壁纸、舒适的椅子、装饰的墙壁和浪漫的烛光,这些都勾勒出整个气氛。在这种情境中你会不由自主地打开话匣子,告诉别人你的秘密。相反,坐在白炽灯泡下,在光秃秃的墙边,手扶着硬邦邦的椅子,你可能坐不了一会儿就想着离开,更别提和别人谈心畅聊了。

酒吧的老板、茶室的主人显然比我们先知先觉,深谙其中之道。暗淡的灯光可以拉近人与人之间的距离,温暖的空间使人畅所欲言。个人间的沟通常常发生在温馨宜人的环境里,只要稍微注意一下就能看出这个模式有多么的活跃。

第四节　私密性与环境设计分析

建筑师的目标是为每个人提供足够的私密空间,实现这一目标不仅是为了建立更多的领域,而且是为了确保每个人都有一个独立的部分。私密性意味着在别人封闭的时候,也可以对别人开放的可能性。重要的是允许人们选择他们是对别人开放还是对别人封闭。因此,环境设计的重要性在于尽可能地提供隐私调整的机制。

一、空间的等级

（一）公共空间

城市空间可以组织成从非常公开到非常封闭的空间序列,其中最外侧的就是公共空间。例如,城市里的人民剧院和体育馆,商业圈里的步行街和广场,社区里的篮球场和儿童游乐园等,在这里我们可以遇到陌生的人。视觉接触、声音传播,以及大多数这种在公共空间中的交流,不管是大的还是小的,都是没有计划的,而且是常规的。当然,在较小的环境中,如酒吧、咖啡馆等,人们也会和他们的熟人或朋友坐在一起。一般来说,在公共空间的设计中,考虑到用户的隐私,即合理安排空间,使陌生人之间的接触安静而有效。

（二）半公共空间和半私密空间

半公共空间比公共空间更加私密,如学校教室前面的过道、公园内的绿地、建筑物的大厅等。在半公共空间的设计中,考虑了用户的隐私,关键是要创造一种不仅可以鼓励社会交流,而且可以提供一种控制机制来减少这种交流。因此,如何在半公共空间中保护用户的隐私是一个难题。在图书馆的阅览室里,隐私设计通常是安排一些小挡板,以阻止其他读者的视听。

半私密空间包括行政区、教师休息室和贵宾室等。这些空间拒绝绝大多数外来人员,只有该团体的成员才能进入。在半私密空间的设计中,考虑了用户的隐私,即在空间中创造各种活动的有效边界,否则会引起冲突。如果这些边界设计得很好,它可以满足用户的隐私需求。如果在这样的空间没有足够的视线和声音屏障,就会出现问题。Gifford 提供了一个市政厅设计的例子。在设计时把规划部门安排在一个大房间中,建筑师认为规划部门的工作人员在工作中需要相互联系,并传阅应审核的设计图纸。但使用以后此部门的工作人员怨声载道,因为他们还要做一些不那么公开的活动,比如打电话,写报告,或者两个人之间的私人谈话。半私密空间的设计并不容易,需要建筑师仔细考虑,半私密空间设计不好,要么空间利用率不高,要么就可能成为充满摩擦的地方。

（三）私密空间

私人空间是指只对一个人或几个人开放的空间。卧室、浴室和私人办公室是私人空间。一般来说，当人们拥有私人空间时，他们往往是群体而不是孤立的。当人们有一个私人空间时，他们就增加了一个自我控制机制。私人空间是人们生活的真正需要。在住房、办公室和社会组织的设计中，如果人们有私人空间，他们所面临的社会压力将大大降低。

二、私人空间的设计

（一）办公室的私人空间设计

1. 办公室与私密性

工作是人类生活的重要内容之一，每个人都希望有一份好的工作，有好的收入、好的社会地位和好的工作环境。工作环境对办公人员的工作效能与工作满意度有着重要作用。

过去，人们对办公空间的合理利用以及办公人员和公司的需求往往没有给予足够的重视。以前，人们设计办公室的时候，空间布置主要考虑限定的空间可安排几个工作人员，而没有考虑他们的工作效率，但恰恰相反，考虑工作人员的工作效率才是设计的基本点。拙劣的设计会使经理和员工感到沮丧，近年来环境心理学家针对办公室设计做了大量的调查工作，工作人员在工作时的私密性是研究的焦点之一。目前已发表的对办公室中视线、声响、社交和信息的私密性研究都表明办公室里的布置情况远远不能令人满意。尽管如此，工作人员仍然认为工作的隐私是非常重要的。Farren、Kopf 和 Roth 进行了一个关于学校工作人员办公室的调查，发现员工认为，隐私比规模、空间、室内温度、通风、家具、照明、视觉美观等因素更加重要。

工作中,每个人都有一定的私密性的要求,不想在正在忙碌的工作中被打扰,不想别人在身边走来走去,有意无意地看到自己的文件,讨厌周围的一些无聊的谈话、风言风语和吵闹的玩手机的声音,这样会分散注意力,降低工作效率。

大量的调查表明,工作的私密性与总体工作满意度有关。缺乏隐私的办公室会影响员工的工作满意度。一般说来,在私密的办公室里工作的人,要比在与人共享的办公室里工作的人对工作更满意。Oldman 和 Brass 的研究工作表明,员工们从传统的封闭办公室迁往开放平面的办公室以后,工作满意度大幅下降,而且在以后的测试中工作满意度也一致偏低。

私密性与工作满意度之间的相关关系存在两个层次。在一般意义上,私密性对个人的控制感、自尊感和认同感有重要的价值,这些价值观在工作中也很宝贵。隐私意味着员工有更自由的工作意识,更有创造性、独立性和责任感。除了上述感受外,隐私与员工对工作环境控制的意识有着密切的联系。卡普兰发现,缺乏对工作的控制是工作场所心理和身体紧张的一个重要来源。另一方面,隐私也意味着一个人的社会地位,私密性越强可以使这个人在公司中的社会地位越高。以实际情况来看,在公司或组织中,私密性强的人常常是高级职员或管理者,他们不是有着独立的办公室,就是与普通职员的办公地点有一段距离。这些人的收入又比较高,所以他们对自己的工作和工作环境更满意是不足为奇的。从这方面来说,私密性意味着工作条件的改善。

在具体的层次上私密性也与工作满意度有联系。工作场所的私密性意味着降低外界的干扰和减少分心的因素。这些可以降低他们的工作压力同时集中注意力,雇员们可能更乐于主动工作,容易取得成绩,个人能力容易得到发挥,积累更多的工作经验,将来会获得更大的成功。

有的学者所持观点和我们的不一样。Sundstorm 坚持认为私密性和工作满意度的关系会随着时间的推移而减弱。他说任何具体环境的影响都是短暂的,因为人们有着非凡的适应能力,此种具体环境就包括建筑中的私密性。任何工作环境的改变起初都被看成是新奇的,如从个人办公室搬到开放式办公室,一开始环境的变化对人们的知觉有强烈的影响,然而在新环境里待上一段时间以后,人们便会接受此种变化或认为此种变化是理所当然的。因而,如果说私密性对工作满意度有影响的话,此种影响也只是发生在一段时间里。

难道雇员们真的对环境"麻木"了吗? DuVall-Early 和 Benedict 就这个问题调查了国际职业秘书公司弗吉尼亚分部的 130 名职员,他们请被试回答满意度问卷上的各个问题,这些人在同一工作场所的时间有长(一年以上)、有短(一年以内)。结果发现尽管私密性不是和工作满意度的所有方面都有联系,但它确实与总体上的工作满意度有关,也和其中的某些方面有关,例如,工作中的创造力、独立性、社会地位的责任感等。这个研究多少解开了一些疑团。

工作满意度非常复杂和综合,除了私密性以外,还与工资收入、公司政策、社会福利等与环境设计毫不相干的因素有关,相比而言,还是工作环境满意度与私密性的关系更密切一些。确实,环境心理学家更重视工作环境满意度与私密性之间的关系,因为建筑师不是超人,他唯一承担责任的地方就是空间的组织和设计。在探讨工作环境满意度与私密性之间关系时,研究人员把私密性在技术上处理成"对空间接近的有选择的控制",也就形成了"建筑私密性"的概念,它与私密性概念的区别在于它不再包括与空间无关的社会交流,如信息的组织与管理。建筑私密性特别强调工作场所的可达性如何,也就是说那些被隔墙或挡板围起来并且可以上锁的办公室,其建筑私密性要高于那些很多人一起办公的开放式办公室。建筑私密性是环境满意度的重要因素,如果在空间里雇员们不能对别人的接近有任何控制,无论是视觉的、听觉的还是嗅觉的,根据信息过载理论,员工厌恶社交的机会都会大大增加,这会导致员工感到消极,使他们感到沮丧,导致工作压力增加。

在私密性污染的来源中,噪声是最令人厌恶和最难以控制的,它是一种环境压力,是人们对环境不满意的根源之一。噪声不仅影响人们的隐私,而且影响人们工作环境的满意度。办公室的电话铃声、同事的谈话声、复印机的滚动、空调的运行和不和谐的马桶冲水声等成为复杂、混乱而且令人不悦的交响曲。在开放式办公室中大量的杂七杂八的声音几乎难以避免,这也是为什么个人办公室要比开放办公室的私密性高的主要原因。

针对办公室的环境评价研究已经指出,工作人员对其直接工作空间的评价在他的工作环境满意度中最具影响力,所以工作场所中决定工作人员评价的关键性设计特征,往往出现在与他们关系最密切和最个人化的部位。最有说服力的证据是 Marans 和 Yan 提供的,他们对美国工作场所做了全国范围的调查,发现无论是在封闭办公室里,还是在开放式办公室中,私密性名列工作环境满意度诸要素的第四和第五位,仅次于空间评价、照明质量和家具品质。在稍后的一个调查中,Spreckelmeyer 选取了不同的样本,他发现在封闭办公室里,言语的私密性名列满意度诸要素的第三位。在开放式办公室里,视觉私密性名列满意度的第三位,仅次于照明质量和空间评价,并在家具品质之上。

2. 个人办公室与私密性

和住宅一样,受欢迎的办公室通常是较大的、较封闭的且能"对接近度可控制的"办公室。与有很多人一起办公的大办公室相比,个人办公室的私密性程度高,也更受人欢迎。大办公室里有太多的干扰和令人分心的种种因素,但在个人办公室里,门与墙体是保证私密性的关键,个人办公室能让不必要的令人烦心的因素止步于门前或墙外。Block 和 Stokes 通过实验室工作发现,与四人在一起工作的办公室相比,被试更青睐个人办公室。

3.开放式办公室的私密性设计

人们总是希望有自己的个人办公室,要是能做到这一点,除了私密性以外,他还能得到其他的好处,但对公司而言,这实在是太不经济了。公司要求工作人员之间有良好的沟通,顺利地交换意见和通畅地文书往来等灵活性和机动性。于是开放式办公室,又称为景观办公室逐渐流行起来。

开放式办公是20世纪50年代末在德国首先兴起的,它试图合理整合各部门,实现良好的通信和信息沟通。目的是为所有员工提供一个舒适的工作环境,同时又能高效地利用空间,提高管理部门改变办公室布局以适应工作方式之改变的能力。和传统的大办公室不同,传统的办公室是按几何学规律摆放桌椅,开放式办公室与环境美化设计密切相关,在这些宽敞的大空间里,有许多绿色的树木和盆景及低矮的隔断,它们与自由桌椅有机地结合在一起。当工作方式改变,或对现有环境感到厌烦时,随时可方便地移动桌椅和隔断,就能使办公室获得新的组织和形态。

开放式办公室中的私密性显然低于个人办公室的私密性,但开放式办公室量大面广,是市场的主流。据一份调查说,全美销售的办公楼中50%以上是这种开放式办公室。所以开放式办公室的各设计特征与私密性之间的关系更受到学者们的重视。

在一个开放的办公室里,如果工作区周围有不同的分区,它将有助于改善员工工作中的隐私。Sundstorm 等人发现,随着周边空间数量的增加,员工满意度提高,隐私度提高,工作绩效提高。奥尔德海姆也发现,经过一定的分区添加到开放式办公,员工的拥挤感减少,隐私和满意度提高了。

除了隔断的数量以外,隔断的高度也与私密性有关。一般来说,隔断的高度越高,受试者在隐私、沟通和工作表现等项目得分也较高。当然,如果被隔成一间一间的区域,它的隐私属性是最高的。典型的隔板由单一的、实质的不透明板组成,通常比人坐着时的视线略高一点。另一种隔断的形式是由板材通过插接组合在一起,成为围合工作空间的面。此种组合件往往有一片隔板的高度等于或低于人坐着时的视线。O'Neill 的工作表明,组合隔断与单片隔断相比,提高了工作人员的私密性并提高了对工作空间的满意度。尽管在单片隔断的工作空间中,隔断的高度一样且略高于人坐着时的视线,但组合隔断中有一片隔板略低于人坐着时的视线,如此,工作人员可通过在隔断后挪动位置来控制自己在别人视野中的暴露程度。当他觉得不舒服时就可以把椅子移动到高隔板之后,别人就看不到他,于是私密性就提高了。这也再次说明,私密性是人们对开放与封闭的控制程度。可调节的、性能优良的隔断只能遮挡视线,但对噪声干扰无能为力。办公室里噪声干扰确实是难治的顽症,但设计师在此方面也应该是有所作为的。办公室设计时应进行声学处理,以减少噪声的音量,如铺地毯、做吸声吊顶,在墙面和隔断上铺钉吸声板,以及增设帷幔等措施都可以减小办公室里的噪声。一个计划良好的折中方案应既能提高办公室里的声学控制,也能提高雇员们的私密性和满意度,声学设计应保证私密的谈话不被相邻者听到。

DuVall-Early 和 Benedict 说,在开放式办公室里巧妙地布置桌椅也能提高私密性。他们发现如在工作时看不到同事也可以令人有私密的感觉。这意味着在共享的办公空间里职员们背靠背办公,不产生视觉接触就能创造某种程度上的私密感。这个研究还认为,即使在工作时会看到同事,但与他们保持一定距离,如至少大于 10 英尺,也能促进私密感。此处有一问题,10 英尺是否就是私密感的最低限度,是否随着距离的增加私密性也就随之增加,这需要以后的工作来检验其中的关系。

总体而言,工作环境的设计发生了深刻的变化,这与环境的迅速变化、跨国公司在世界范围内的迅速发展和办公自动化的普及有关。工作环境的这种变化不仅反映在办公室里,也反映在设施和工作组织的不断调整之中。遍及全球的经济与市场的压力正深刻地改变着工作的性质,公司和机构被迫不断地重新配置,以应付日益增加的竞争压力,一个新的工作场所的设计策略是本设计的主要目的,设计策略是降低环境变化对工作人员带来的冲击感,增加工作自身的特性和缓冲巨大的压力。

于是组织中的个人与团体的复杂关系凸显了出来,人们意识到只有增加投入才能增加自己在竞争中的优势,此种投资就包括对员工的各种培训费用和分析他们的各种需要。最新的办公室设计方案不仅须考虑建筑物整体的结构与布局,也应考虑到员工们在办公时的工作需要,以及在一个作业完成后员工们为下一个作业进行重组的可能,建筑师必须在办公场所中采取有效措施减小员工们的工作压力,以适应高度变化和流动的环境。这里明显存在一个矛盾:一方面为了适应并应付越来越强大的竞争,环境的灵活性必不可少;另一方面不稳定的工作环境必然会给员工们带来较大的工作压力。所以,开放式办公室正好能成功地对付上述挑战,它有着个人办公室无可比拟的优点:易于管理、便于组织和调整,尽管其在私密性方面有某些缺失,但可以通过环境设计使私密性的缺失减至最低限度,所以开放式办公室比个人办公室具有更广阔的前景。

(二)社会机构的私人空间设计

有的环境是为社会上一些特殊的群体建造的,譬如养老院、大学公寓和监狱等。老人们将在养老院里颐养天年,大学生将在大学公寓里住上少则三四年多则七八年,监狱则更是一个特殊的环境,其建造的目的与其他环境的建造目的迥然不同。这里我们将探讨在大学公寓和老年公寓中的私密性的情况。

1. 大学公寓的私密性设计

作为生活环境,大学公寓与养老院、监狱等大为不同,大学公寓并不是大学生唯一的生活环境,但从学生在公寓里所待时间、完成的作业以及从事的各种活动而言,大学公寓在大学生的学习生涯中占很大比重。以前我们普遍对学生公寓的研究和设计不够重视,现在随着大学生人数的增长,政府对教育投入的逐年增加,对学生公寓的投入也会大幅增加。

从学校的角度来说,大学公寓就是以合理的低廉费用为学生提供居住的地方,对私立大学而言,大学公寓还是学校收入的重要来源;从学生父母的角度来说,大学公寓是为他们的子女提供学习、休息和生活的场所;然而最重要的是从使用者即大学生来说,大学公寓是满足其求学的、社会的和个人的需要之环境。不论在什么地方,一定程度的私密性对学生的有效学习都是必要的。在公寓里学生除了睡觉、个人活动和娱乐时希望有私密性以外,也十分重视学习时的私密性。Stokes 的调查说,公寓是大学生学习的重要环境,他们 55% ~ 78% 的学习是在公寓里完成的。受调查的学生中有 80% 比较喜欢小一点的地方,而不喜欢到大空间里学习,有 85% 的人喜欢单独学习。

此类研究工作对合用公寓的设计和制定管理政策很有价值。当同房间学生人数增加时,房间内学生的学习时间普遍就减少了。如 Walden 等人的工作说明,当男大学生人数由两人增至三人时,他们在公寓里的时间就少多了。所以多人公寓迫使大学生寻找其他空间以满足学习需要,如图书馆或公寓中的休息室。然而在理论上这种空间与公寓相比,私密性都比较差,因而当学生在公寓中或其他地方无法获得足够的私密性,特别是学习上的私密性,其学习成绩差是在预料之中的。

在公寓设计上,似乎走道型公寓在导致私密性缺失方面显得尤为严重,特别是两边都是公寓的中间的过道,它服务的房间数量较多,使大学生之间的互动和沟通过多,导致拥堵感大大增加。Valins 和 Baum 在 20 世纪 70 年代进行的一系列的研究表明,在走道公寓居民由于受到密集的社会交往影响,从而倾向于避免社会交往。过道的公寓有噪声，这个干扰常常无法克服，走廊里有来回走动的声音、有交谈的声音，所以嘈杂的声音是难以避免的。Feller 建议通过调节过道光照度帮助控制在走道的噪声。具体来说，当过道的光照度从 54 勒克斯减少到 5 勒克斯时，大多数实验条件下走道上的噪声明显降低。在这种情况下，听觉上至少有一种更好的私密性。

在空间策略上，可能套间式公寓，即有若干个房间围绕一公共起居室的设计模式，这是一个非常好的模型。Zimrin 转引自 Gifford 对公寓改建前和改建后做了比较。改建前，许多学生住在一间没有分隔的大房间里。当时改建设计提供了三种方案：套间式（二、三或四个房间围绕一个起居室）、走道式（房间沿走道布置，一人或二人一间房）和组合式（如同一开放办公室，现有较大空间的一部分被分隔开来睡觉）。改建后，他们发现，在转换成公寓和走道公寓后，学生比以前更频繁地与他人互动。

本研究共有三点启示。第一，组合设计是最差的。当许多人共享一个大房间时，如果仅划分睡眠区而不对其他活动提供控制私密性的手段的话，也无法控制噪声干扰，学生在公寓里隐私缺失是很严重的。第二，在套房设计中，我们不能以减少私人或半私密的睡眠区为代价提供更大的公共起居室，否则，就是把学生赶到公共客厅去看书，这样也会引起同样的问题。第三，走道设计的短走道和低密度（一个或两个房间）不是那么糟糕。这种设计的成功在于它能让学生有效地控制自己的真实环境，如灯光、温度和自己的社交生活。他们可以更好地控制何时与他人交谈、怎样交谈、和谁交谈等。引人注目的是在这个走道式改建案例中，也提供了某些象征性的障碍物来提高居住者对自己空间的拥有感。

以上都是国外关于大学生公寓的研究，对比我国的大学公寓则有较大不同。其中主要有三点：第一，我们大学公寓中的密度还是比较高的；第二，大学生对公寓没有选择权；第三，也许是最重要的,即我们的大学公寓中,其学生的生活模式与国外相比有很大的不同,公寓主要是作为休息的场所,学生通常不在公寓中而是在各专业教室和图书馆里学习。但现在大学公寓的住宿条件在逐渐好转,以上海为例,市政府要求在2000年各大学公寓的标准是四人一间。与此相应的是越来越多的学习会在公寓里完成,特别是个人计算机逐渐在学生公寓里普及,以及公寓中学生人数的减少,都有助于学生们在公寓里学习,这些都会导致学生们对公寓里的私密性有更高的要求。此外,随着房地产市场的完善,将会有学生放弃大学提供的学生公寓,而在校外租房,引起学校的学生公寓与房地产市场的竞争,无论这场竞争谁输谁赢,私密性毫无疑问将是一个主要因素。

2. 老年公寓的私密性设计

对住在医院、养老院和老年公寓等公共机构中的人来说,私密性是个大问题。这通常是因为没有足够的钱可以使人们拥有一个独用房间的缘故,而其他形式的私密性也很难获得,譬如在这些地方与朋友或家人亲热的机会也不多。

Howell和Epp曾对老年公寓中53户的设计情况进行考察,以观察老年人的行为模式与私密性的关系。她们研究了高层老年公寓中老人们的社交情况。两幢高层公寓的设计特征大致相同,其细微差别在于B幢由入口到电梯须经过交谊厅,A幢却不需要如此。于是研究人员想弄清楚此设计上的差异是否会产生影响。她们发现,如果一幢建筑物强迫它的居民在交谊厅碰面而事实上他们不希望如此的话,会使老年人觉得自己好像生活在一个金鱼缸里,彼此更不和睦,更不愿意使用交谊厅。此种情形与B幢中居民的行为相合。相反,A幢中居民们是被鼓励和暗示,而不是强迫彼此交往。A幢中的居民可以在几个活动室中很舒适地私下交谈,结果他们使用这些空间的频率很高。

两位研究人员还通过与上百位老人谈话,观看房间里的空间布置，以及老年人对这些空间布局的行为调整和适应情况，提出了一些可以最大限度提高私密性的设计准则，其中的一些是与空间有关。譬如："避免直接从入口可以看到非常私密的区域，如厕所、厨房和洗涤池""客人不应该穿过睡眠、穿衣和化妆区而到厕所""应该有一个领域，老年人可以看到人们的活动，但减少了被别人监视的机会"，等等。

与 Howell 等人的现场观察不同，Zeisel 等使用已出版的研究文献作为基本资料，提炼出老人的活动行为准则，他们找出并分析参加全美建筑竞赛作品来说明一般设计者应如何在设计上照顾老人的需要。在综合这些结果以后，他们举办了一个专家审核会议，提出设计准则，其中重要的一点，就是老年人应对"后台"区域有一些控制力。

Zeisel 等人认为，对老人而言，其行动随着敏捷平衡能力的减弱而变得迟钝，他们是否能在公寓里的各个空间和房间很容易地来往变得更加重要。若各空间和房间来往不便时，不仅造成不方便，而且会危及老人的安全和健康。但实质环境上的容易往来，不一定要以放弃"后台区"的视觉私密性来换取。后台区包括卧室、浴室、厕所和厨房，为了在访问者面前保持老人们的自尊，他们仍然需要控制视觉的可及之处，即后台区比较私密的活动如洗漱、睡觉和做饭等。这样，公寓单元的设计必须小心地注意减少内部公共与私人区域之间的实质距离和障碍，同时又要增加后台区的视觉私密性。

Zeisel 的准则和 Howell 的建议听上去很有道理，遗憾的是在大多数老年公寓中，对视线、声响和亲密等方面的私密性，在设计上是欠考虑的。

在对隐私权的讨论结束时，我们一再强调，私密性是一个动态的过程，个人可以调整自己的社会交往，使自己或多或少地接触他人。因此，私密性是一个中心概念，它在个人空间、领域和其他社会行为之间起着桥梁作用。私密性是一种调整人与人之间的界限的过程,通过这种方式,一个人或一个群体可以调节与他人的互动。隐私在人们的社会生活中起着重要的作用。它保护正常的社会交往,促进个人控制,有助于个人的认同感等。在环境设计中应考虑人们在空间中的私密性要求,尽管此方面做得不尽如人意,但令人高兴的是探讨私密性与环境设计之间关系的工作已经开始了。如果大量的工作能够继续展开,那么我们就可以建立一些设计准则来指导环境设计,尤其是那些重要的环境,如生活环境和工作环境,如何照顾好人们的隐私,是提高人们生活质量和工作绩效的重要保证。

第七章　生态文明视野下的领域性
与环境设计研究

　　领域性是一个非常普遍的现象,它有可能发生在我们的身边,也有可能发生在一个大的环境中。国家之间需要明确的边界划分,否则有可能导致战争摩擦。生活中到处都有领域性行为,一旦意识到了这一点,会发现它无处不在,下面就是一些随手拈来的例子:学生为了在图书馆阅览室里占有一个座位,便在桌子上放些书或是本子;孩子很快学会用"我的"一词来指他的玩具,要是别的孩子动用了这些玩具,他就会上去把它夺下来;对停车难感到头痛的公司会花钱租一些私有停车位;居民区四周围着城墙,大门由保安看守;学生们在寝室门上写上了自己的名字等等。这些仅仅是人们通常使用领域的几个例子,但它们包含了我们下面要讨论的具体问题,譬如,领域必有其拥有者。这些拥有者小至个人、集体,大到组织或民族。领域有不同的规模,小到物体、房间、住宅、社区,大至城市、区域和国家。最后,领域常常标有记号以显示出拥有者的存在。领域性是一个复杂的概念,它有许多特性,本章将详细讨论此人类普遍现象,探讨它的意义和作用,介绍有关理论和研究成果,最后分析如何在设计中利用领域性来提升人们的环境质量。

第一节　领域性概述

一、领域性的含义

在对人类的领域行为综合多种研究的基础上,阿尔托曼提出以下定义:领域性是个人或群体为满足某种需要,拥有或占用一个场所或一个区域,并对其加以人格化和防卫的行为模式。该场所或区域就是拥有或占用它的个人或群体的领域。

领域性是所有高等动物的天性。人的领域性不仅包含生物性一面,还包含社会性一面,因此人对领域行为的需要和这方面的反应也比动物复杂得多。随着个人需要层次的不同,如生存需要、安全需要、社交需要、尊重需要、自我实现需要等,领域的特征和范围也不同,如一个座位、一个角落、一间房间、一套住宅、一组建筑物、一片土地……随着拥有和占用程度不同,个人或群体对它的控制,即人格化与防卫的程度也明显不同。领域这一概念不同于个人空间,个人空间是一个随身体移动的看不见的气泡;而领域无论大小,都是一个静止的、可见的物质空间。

领域对个人或群体生活的私密、重要性,以及使用时间长短具有不同的影响,阿尔托曼把领域分为以下三类:首属领域、次要领域和公共领域。

首属领域是个体或群体使用时间最长、控制力最强的地方,包括家庭、办公室等,这些对使用者来说是最重要的地方。首属领域是个人和群体的独有性和排他性,并得到法律的明确承认和保护。未经许可进入该领域将对使用者构成严重威胁,如果有必要,武力防守也是无可厚非的,如美国的高级别墅没有围墙,只在草地上写着"禁止入内",如果外人有意或无意地闯入,则有可能被依法枪毙。

次要领域中,这些地方不被用户完全占有,用户没有占有权、控制力不强,是一种半公共性质,是首属领域与公共区域之间的纽带。夜总会、酒吧、社区街道、餐厅或休闲区等待区前的房屋,这些地方向各种不同使用者开放,有的个人或群体可能是这里的常客,他们在这里比其他人似乎更有控制意识。也有一些类型的次级地区,如公共楼梯、房子前面、后面的空间,如果长期被一些人占据,可能成为半私密的领域而被占有者控制。

公共领域可供任何人短时间使用,当然,在使用时要遵守规章制度。公共领域通常包括体育馆、网球场、海滨、候车室、图书馆和步行街的座位。这里的这些地域对用户来说不是很重要,也不能让用户像首属领域和次要领域那样使使用者产生占有感和控制感,所以当用户暂时离开后,该区域被其他人占用,原使用者返回后一般不会做出什么反应。但是如果公共领域经常被同一个人或同一个群体使用,它最终将成为次级领域。例如,学生经常在教室里选择同一个座位,晨练的人群常常在公园中选择同一个地点,如果位置或地点被其他人或其他群体占据,那将是不愉快的事件。

在上述三种领域中,次级领域是最复杂的,它既有私有的成分,也有公共的成分。它是首属领域和公共领域的桥梁。在次级领域里,领域所有人的身份和地位并不明显,事实上,领域拥有者对外人只是表现出某种程度的控制权,并且有可能与陌生人共享或轮流使用该地方。因此,这种控制和使用是不完整的和不连续的。这也造成了次级领域的一个重要特性,即它存在误解和冲突的危险。

次级领域与建筑设计中的半公共空间和半私密空间相似,它们之间的区别在于,半公共空间或半私密空间也强调半公共和混合使用的性质,但仍属于实质性环境范畴。在次级领域的基础上,加强对场所和对象的使用和控制,强调在现实环境中的社会层次。

Altman 和 Chemers 的分类体系并不是唯一的,尽管它被广泛接受。Lyman 和 Scott 提出了另一种分类,即相互作用领域和人体领域。相互作用领域是由一组相互关联的个体临时控制的区域,如篮球场、教室、会议室等,通常在这些区域都有标志。人体领域与人体有关,但不同于个人空间,它不是指身体之间的距离,它的边界是否触及人体,人们对自己的身体受到别人的触碰是很敏感的,通常会有强烈的反应。

二、领域性行为

从领域性的定义可以看出,领域性行为牵扯许多方面。不同类型的领域性行为可能是按照不同规则起作用的,但涉及领域的人的行为通常与领域的占有和防卫有关,对领域性行为的研究只强调少数几个题目。

(一)领域性行为的表现

1. 个人化和做标记

确立领域的基础就是要得到别人的认可。想做到这一点,除了清楚地告诉他,如"对不起,这是我的座位,请离开"等,还需要表达或暗示这个领域的所有权。邻国之间的边界线就是一种表示。所谓的"暗示"是安排一些线索来告诉其他人这个领域的归属。生活中比较典型的例子,如住宅庭院前面的栅栏、篱笆和树篱等。我们可以把它们归纳为两个领域来创建线索,即个性化和标记。

个性化是为这个领域建立明显表示线索的行为。如学生在公寓门上贴着自己的名字,公司总经理把总经理室的牌子挂在门上。人们往往在首属领域和次级领域建立个性化的符号。与此相比,标识经常出现在公共场所,如学校、酒店、餐馆、街道等。为了让图书馆阅览室的座位不被其他人占用,学生在离开时会放一些书或者一个水杯。做标记是为领域建立暗示线索的行为。在拥挤的火车上,为了不让别人坐自己的座位,人们动身去餐厅前也会在座位上放上一些小东西。

　　我们可以在许多场合找到个性化的和做标记的行为遗迹。在城市、社区、街道、广场、房子等,如果我们开始用这样的眼光来打量周围环境,领域的标志品真是无处不在。进入一个城市我们首先看到的是公路上方一个巨大的牌子:××市欢迎你。城市的主要地区在主要马路的入口处也会写上此类的标语。然后社区在入口处设有大门,门上写着××新村等。传统上海里弄的入口上方往往有刻着弄堂名字的匾额,这些东西是摄影爱好者和怀旧人士所青睐的,但在我们看来,它们是最好的领域标志品。在更小一些的尺度上,一个书包、一件毛衣、一本小册子、一双筷子,都有可能是别人用来声称领域主权的东西,而且我们通常也默认此类小物品所声称的内容。

　　领域限定的实质要素从强到弱依次为墙体、屏障和标志物。墙把人们隔离在两个空间里。隔离墙的材料、厚度和牢固程度决定了隔离度。屏障,包括玻璃、浴帘、植物墙等要比墙体更有选择性,他们通常只隔一到两个感官接触,所以他们既可以把人们分开,也可以与人联系起来。几种材料加在一起,配合各感官,可以造成不同程度的分隔和联系。屏障也可以设计成由使用者选择控制隔离的程度。譬如玻璃门上加锁与门铃,为家人、朋友还有小偷提供各种程度的穿透性。

　　标志物可以分为两种,一种是空间方面的。例如,屋顶的高度,地板材料和方式的改变,灯具的颜色和形状的改变等等。更明确定义的标志性是基于字符的,包括数字和符号。譬如总经理室、总工程师室、主任室等,这些又可称为个人化的标志。最后,领域限定中最模糊和最暧昧的元素就是物品。放在空间里的东西可以视为空间的分隔物,它的本质是一个障碍。城市广场上的雕塑可以分隔空间。两个共享庭院中的一个柱子可以把空间和感官分开。

　　除了一些建筑物品以外,领域性研究更重视那些带着人的体温和呼吸的物品。Sommer报道了他主持的几个领域标志品使用情况的调查。这些工作主要是观察使用人在短暂离开时,用领域标志品保留其在图书馆阅览室里的座位的情况。他发现在图书馆里的人不多时,几乎任何标志品都是有效的。在 22 次试验里,所使用的标志品由笔记本到旧报纸等不同的东西,领域被人侵占的只有三次,两次是旧报纸,一次是廉价书。Sommer 指出,确认作为标志品的东西,不应是杂乱的东西,而且"这个物件要具有作为领域标志品的象征意义,即勿占用"或"已有人用"的标志,或具有价值的东西,如外套、钱包,或物主不会随意丢弃的东西。个人的标志品,如毛衣和夹克比非个人性的标志物更能有效地阻止潜在的入侵者。但也有有趣的例外,Hoppe 有一次在酒吧进行的研究中发现,以半杯啤酒来保留座位要比一件夹克有效。

在高密度的情形下,各种标志品的效用如何呢? Sommer 进一步调查了一间高密度的阅览室。调查人员早早来到阅览室放妥标志品以后,即在另一张座位上观察。在未放标志品的地方,在两小时开放时间届满之前都有人使用了。每一个领域标志品都使占用座位的时间延迟了,只是有些东西比别的更有效。他还报道了另外一项研究,在此项工作中,标志品留在一所饮料店的桌子上。这些标志品包括一包三明治、一些平装书或一件毛衣,都有使人避免占用该桌子,而使用附近座位的倾向。Edney 说,有明显标志的住宅区,如标牌、树篱或围栏,在那儿居住生活的时间比那些没有明显标识的居民在这里居住的时间更长。将这一结果与其他标准结合起来,我们可以认为,那些住宅有领域标志品的居民对该地方有较长期的约束,并准备在此地长期居住下去,且对领域被人侵犯也较在意。

墙壁、障碍物、标志和物品都是东西,从领域限定的定义来看,都属于领域标志物。值得注意的是,人们常常使用其中的两项甚至更多来为自己的领域服务。在首属领域和次级领域里,人们通常使用限定性强的标志品,而在公共领域里则使用限定性弱的领域标志品。

2. 领域的防卫

很明显,如果自己的领域遭到入侵,你肯定会采取保卫行为。Gifford 对侵略行为做了总结。最出名的也是最严重的,即入侵。一个外人进入一个领域,往往打算从所有者那里获得控制权。典型的侵略就是一个国家侵略另一个国家。根据国际法,被侵略者有权拿起枪支,抵御外敌,保卫自己的家园。另一类是骚扰。一个临时的侵略行为,骚扰者不想带走占有权,只是骚扰、破坏、砸东西、偷东西等行为就属此类。第三种类型是污染,污染指的是别人的领域内留下不堪入目的东西,在城市中,最典型的莫过于黑色广告和涂鸦。

这个领域的防御可以分为两个阶段。一是预防,二是反应。在领域里建立个人的标志或其他领域标志物都属于预防。一旦领域受到侵犯,接下来就是反应。需要注意的是领域并非经常被侵犯,而且在受到侵犯时,并不总是防卫它。这要看谁是入侵者、侵犯的原因、侵犯的地点和领域的性质。有的研究甚至显示一个恰当的侵犯或许还可以有积极的效果。这个调查询问了在海滩上的女士有多少男士会侵入她们的领地,平均每个女士所报告的人数为一个。当然许多侵犯是令人讨厌的,过半数的女士说她们想劝阻男士们的接近,然而相当数量的侵犯,最后还是导致两者的约会,而且有 10% 的女士在外出时通常与那些侵入她们领地的人在一起。

朋友或家人,或别人侵犯你的领域,这是无意的或有意的。违反首属领域、次级领域,无论是个人领域还是公共领域,以及侵犯范围以外的其他空间,都会影响到是否需要防卫,如何程度的防卫。一般来说,如果人们在公共领域建立个人标志或域名标记,而违规者忽视这些标记,通常不会有强烈的实地防御行为。例如,在图书馆别人不顾标志品存在依然占据了你的座位,那么被侵入者可能不是想着怎样防卫,而会放弃这个座位。在影剧院别人先你一步占了你的座位,如果旁边还有空的位子时,你也许就不会和他论理。

如果其他人未经允许，强行闯入次级领域，尤其是首属领域，那么情况就更为严重。世界上有许多边界冲突引起的战争例子。未经允许侵犯别人的住宅所引发的反应，小到主人重重地把门关上，重到甚至可以把人从窗子里扔出去，不过暴力的防卫行为是不常见的。在文明社会里，人们有很多非暴力的方式，譬如高喊、怒视等。对首属领域和次级领域人们普遍重视预防，建立个人化和领域标志品，有时甚至预先做出警告。譬如有的地方贴上这样的标牌："私人产业，勿入内""请勿穿越""谢绝推销"。有些不雅的警语也时有所见。

不幸的是，暴力性的防卫也会发生。领域的价值越高，主动防卫的可能性就越大。有时社会也会容忍防卫首属领域时使用暴力。譬如美国有的州法律明文规定主人在家里向小偷开枪不会坐牢。

3. 占有和使用

领域的控制常常用标记和其他标志品表示所有权。一般情况下，人们也认可这些东西所要说明的内容，避免闯入这些地方。事实上，简单的占有和使用的地方也是一种显示人们控制领域的方法。一个区域的特征往往取决于占有者及其活动的存在。上海外滩就是一个很好的例子。在改建以前，它是著名的情侣幽会的地方，也不知从何时开始，这个特性就形成了。晚上情侣们总是倚在江堤上，面向黄浦江，谈情说爱，灯火阑珊。虽然这里没有什么明确的领域标志品，但其他人群很少在这个时候涉足此处。仅仅是情侣们的存在及其独特而明显的特性就给人以强烈的领域感。

因为在公共场所的某些地方被一定数量的人占据，所以这个地方的领域特权就可能是被大家默认的。例如，在公园里，一个地方被某个人占领了，其他人就会避免接触绕道而走。不同的群体在公园里都有自己的地盘，尽管这些地方表面上没有任何标记,占有者对这个区域也没有任何合法权利,但大家都默认这个地方是别人的地盘,其他人很少打扰。有时绿色空间具有不同的时间特征,早晨,老太太们在此处挥舞木兰剑;放学后,这可能是孩子们踢足球的场地;晚上,这块儿地方就属于年轻男女了。在这些事件中没有明确的边界或标志来显示所有权,使用方法足以说明该领域的所有权。

（二）领域性行为的作用

领域行为在不同的情境中有着不同的作用,其中大部分与基本生活过程有关。领域性行为是社会各阶层和个人日常生活中的一个重要组织因素。领域性行为在促进社会过程中起着重要的作用,如做计划方案、预测别人的行为、参与不间断的活动和安全感。如果不存在领域性,社会就会一团糟。基本上,领域性的作用可以分为两个方面,一是认同感,二是稳定和家庭的感觉。

1. 认同感

在实质性的环境中,这个领域使个人和团体能够显示他的个性和价值观。人们在自己的地方展示自己的个人标志,不仅要调整与他人的交往,还要树立个性和特点。个性化的标志出现在不同的地方,如房屋、办公区、学生公寓和教室。学生们在墙上贴满了足球明星、摇滚歌手和好莱坞影星的照片。经理办公室的书柜上放着自己的毕业证书和荣誉奖状的复印件,桌子上更是有家人笑容可掬的照片。人们努力地点缀其场所并凸显主人的爱好和品位,并通过这些标志来帮助确立领域的控制。Altman 和他的同事分析了犹太大学的新生入学后头三个月公寓墙壁上的装饰。他们发现 90% 的新生到校以后两周内就把墙壁布置好了。当第一个季度结束时几乎 100% 的学生都布置好了。常见的布置内容有明星照片、风景画、卡通图案、地理图、宗教和政治的宣传物品。其中大部分都是商品,但它们能反映他们的兴趣、爱好和个性。这些个性化的标志一方面表达了占有者对其他人的控制,另一方面也表明自我认同。

更大规模的领域,如聚落、村庄和社区,领域性行为也和认同感有着密不可分的联系。傣族、哈尼族、布朗族等少数民族都要按照传统规矩举行仪式,挑选寨址,选定村寨的范围和寨门的位置。布朗族的规定是,按照习惯建立寨子后,群众根据寨主和佛爷的指点,用茅草绳和白色的棉线把寨子围起来,在中间位置,种上许多小树木,然后设置四个寨门,每个门旁边都有两根护桩,象征神的保佑。

寨门与村落的象征范围共同构成聚落的边界。虽然这个边界不是以物质形式存在的,但它具有神圣的约束力。这就使村落聚落与自然环境分离,使之成为能够控制的领域,这一领域相对于保卫它的"外部"环境而言,是作为"内部"来体验的。

现代社会也是遵循这一理念来确定边界的。社区被围墙包围,门口由保安看管。这不仅有利于安全防御和安置的稳定,而且使社区更有地方感,增强居民对社区的认同感和归属感。

2. 安定与家的感觉

没有所有权、占有权和控制权的不同空间,人们的交往就会被混淆。地域性使人们提高意识的控制环境和控制他人的行为。Edney说:"如果生活中没有领域性,必然会有一个无关的、无效的、没有基本反应的组合体的特点。自然、社会和社区生活也可能受到破坏。一群东转西转,到处流窜的人不属于某个地方。首先要找一个人就会有困难,同样要避开一个人也有困难。"如果没有领域性,人们的生活将是没有组织的、艰苦的,生活也飘摇不定。由于没有地方安家,人们只好随地移动,这将破坏社会的相互联系的生活方式,也使得人们很难互相避免。没有领域,需要抽象思维和长期承诺的复杂行为将不被执行,要确定具体的时间和地点是不可能的,无法约会,无法安排未来事情,只能做一些局部的安排。在宿舍里没有属于自己的领域,只好找地方睡觉,还得每天找地方储藏自己的财物,一切都变得没有秘密可言。

Altman 等人做了一个研究,这是海军协作功能研究计划的一部分,主要是观察自愿的两人一组在与社会隔绝的宿舍里生活和工作 4 ～ 10 天的美国海军士兵的行为。两项研究都表明,在第一、第二天就建立起领域的小组,将发展成生存能力较强且功能较好的群体。他们在工作中效率较高,较少显示压力的症状,并能在隔绝的环境里待更长的时间。那些没有早早建立领域的小组容易发生冲突,功能差。一个组织得较好并获得成功的小组的特点是,他们在第一天就确定衣服放在什么地方,谁在什么地方储存物品,就餐时间怎么安排。通过这些领域性行为和其他手段,他们能在恶劣的条件下生存下来。O'Neill 和 Paluck 对领域性行为与群体稳定性的关系又提供了有利的证据,在对弱智儿童的研究中,他们发现,领域性行为会导致不礼貌行为的减少。Paluck 和 O'Neill 也用低智力儿童为研究对象,探讨在康复中心的 17 个男孩的行为。在 10 周观察时间中,建立领域性最直接的结果就是打架、顽皮和不礼貌行为明显减少。儿童在生活中受到了某些约束。上述各种都表明,领域性行为和社会体系的安定确实有着积极的联系。另一方面,在越来越拥挤的城市里,每个人保持一个区域留作己用,不容他人侵犯是非常重要的。汪浙成、温小钰的小说《失落》中有段文字描写了奇妙的领域性感受。主人公袁方和妻子在一次挽救一个女人命运的旅途中,由于龌龊的旅馆,使人作呕的饭菜,让人恼火的饭店老板和伙计,两个人的心情坏到了极点,而这时天又下起雨来。为了躲避淋雨,他们买了一把新伞,就在这小小的伞下,两人找到了一个新世界。小说写道:"……他和茵并肩走着,感受到肉体跟肉体碰触时那一瞬间令人震颤的特有的美妙。袁方想,小小的雨伞,薄薄的一层布,却能影响一个人的心态和感受。它似乎有种神奇的魔力,把伞下的人与周围现实隔离开来,创造出一片属于他们自己的小小天地。是啊,人来到世上不就是在寻找各自头上的伞吗?"这段文字生动地描写了由一把伞和伞下的两个人所共同形成的领域,对人的情绪和心态的重要意义。确实,在拥挤的城市中如果人类的这种领域性需要不能满足的话,很难想象社会将变成什么景象。

第二节　领域性的影响因素分析

领域行为是人类行为中的一种明显模式,但在各种情况下,领域性行为中存在多种多样的行为形式。目前有许多研究探讨了个人、社会和文化差异对领域性行为的影响。

一、个人因素

领域性因年龄、性别和个性而改变。例如,就领域性而言,男人的领域性比女人的领域性要明显。在经典的现场野外调查中,Smith 考察了海滩上游客的行为。太阳浴者通常用收音机、毛巾和雨伞来做领域标记。他发现女性声称她们的领域小于男性,男女混合组和人数多的组的人均空间,要比同性别组和人数少的组小。Mercer 和 Benjamin 对大学公寓的调查也得出相似的结论。他们要求大学生画一张他们公寓的照片,指出哪一部分是他自己的,哪一部分是室友,哪一部分又是共享的。结果是,与女人相比,男人所画的属于自己的领域更大。

很多成年男性比女性在工作上的地位高,成就大,因而通常他们的办公空间也大,所以他们声称的空间也大。但 Mercer 等人的工作说明,在男人和女人的社会地位还没有显著差异的时候——学生时代,两者的领域性就不同了。那么女人是否在家里占据更大的空间以弥补她们工作时的失落呢? Sebba 和 Churchman 调查了 185 个高层住宅居民并提供了一些答案。首先,男女双方都认为厨房属于女人。另一方面,超过 30% 的男人认为房子的所有部分属于自己。父亲(48%)比母亲(27%)更多地说他们在家里无空间。总体上,女人们一致认为家在整体上是一个共享的领域,而 Mercer 和 Benjamin 发现其专属领域只有厨房。

就个性差异而言,Mercer 和 Benjamin 也发现,优秀的男人和女人拥有更大的领域性。曾有住大房子经验的男女学生为自己所画的空间比别人大一些。细心的男大学生所画的空间也大一些。自信但控制他人欲望不强的男人所画的空间也大一些。从这个研究中可以看出,性别和个性都会对领域性行为有所影响。

二、社会环境和文化背景

领域的合法拥有者对领域更关心。譬如房东和租房者都控制住房,但合法拥有权使前者的领域性行为比后者多。邻里的社会气氛也影响领域性行为。Taylor、Gottfredson 和 Brower 发现和睦愉快的社会气氛往往和积极的领域感联系在一起。在和睦相处关系融洽的邻里中,居民们能更好地把无端闯入者从邻居中辨认出来。他们对邻里空间有较强的责任感,所以碰到的领域性问题也较少。

领域的产生和发展也受到了社会环境的影响。Minami 和 Tanaka 对日本的小学和初级中学所做的调查工作说明,在孩子们眼里,学校各个空间在不同层次上有不同的归属,而且此类归属与老师们的看法不同。譬如七年级学生在学年的第一个月(4月)里,把其专用教室看成是私密空间,楼梯和走廊是公共空间。在5月他们已开始把走廊中与其专用教室相毗邻的一小部分看成是半私密空间。到了6月,走廊空间已被各个班级瓜分成各自的半私密空间,只有阅览室才是公共空间。这个研究告诉我们,当学生们已习惯学校环境,并被学校文化社会化以后,领域发展就逐渐完善起来。此外,该研究也发现,班与班之间的交往往往发生在半私密空间的边缘。

文化背景不同,领域性行为也不尽相同。Ruback 和 Snow 观察了喷水池边的饮水者在有人不断靠近时的反应,这是一个领域防卫问题。根据一般推测,如果这个饮水者受到打扰和侵犯时,他会在喷水池边待得更久,以此来声称该领域属于他。结果发现,有旁人侵入时,黑人和白人总体反应无多大区别。譬如与没有人侵入相比,有人侵入时无论是黑人饮水者还是白人饮水者在喷水池边所待的时间明显长。但两者还是存在一些差异。当有人侵入时,黑人饮水者在喷水池边所待时间更长,而且存在跨种族效应。与白人侵入相比,白人饮水者在受到黑人侵入时在喷水池边所待时间更长。倒过来这一情况对黑人也一样。另一方面,研究也发现,黑人并不愿意靠近白人饮水者,就像白人也不愿意凑近黑人饮水者一样。

这个研究与先前工作所得之结论是相似的。在有跨文化、跨种族的领域侵入时,人们普遍表现出强烈的反应。这种侵入所产生的心理唤醒和活动要比同种族同文化所引起的大。

有两个研究可以对美国人、法国人和德国人在海滩上的领域性行为做比较。一是 Smith 所做的,他调查了海滩上的法国人与德国人。二是 Edney 的工作,可以发现这三种文化在某些地方很相似。譬如在所有三种文化里,人数多的组声称的人均空间较小,男女混合组声称的人均空间较小,以及女性的人均空间较小。但三种文化也有不同。法国人似乎领域性较差,他们似乎对理解领域性概念有困难。他们常说"海滩是每一个人的"。德国人对领域所做的标志最多,他们经常用沙围成圈,以此来声明这部分海滩是"他们"的区域。这三种人的领域形状相似但大小不同,以德国人的领域为最大。个人领域是椭圆的,群体领域是圆形的。

Worchel 和 Lollis 也观察了美国人和希腊人的不同的领域观。实验人员故意在三个地方各遗留了一个垃圾袋:前院、住房前的步行道,以及住房前大路的围拦旁。他们发现前院的垃圾袋被清理的速度美国人和希腊人一样快。而美国人对住房前步行道和住房前大路的垃圾袋的清理速度要比希腊人快得多。这是美国人的领域性比希腊人强吗? Worchel 和 Lollis 不这样认为。他们说此种差别缘于美国人和希腊人对住房周围空间的认知不同。美国人认为住房前的步行道和围栏是半公共、半私密的区域,因而他们很快就清理了垃圾袋。而希腊人常常把这两个地方看成是公共区域,所以对这两个地方的清理不重视。

第三节　动物的领域性行为与人类的领域性行为

我们知道,由于动物和人类都具有领域性,因此理解和认识领域性的概念需要从两方面入手:一是动物的领域性行为,二是人类的领域性行为。

一、动物的领域性行为

(一)动物领域性的意义

动物领域性的研究。动物学知识使人们认识到,羚羊、蚂蚁和大熊猫等动物都有强烈的领域性,其所有的活动都围绕着领域性而发展。其他动物(如鼠类)的领域需求较有弹性,而且当情况不容许有效地保护领域时,也能采取其他方式。虽然许多研究者都承认领域性现象在动物世界的普遍性,但对于这类行为究竟是遗传的本能还是习得的习性,尚存在着分歧。

社会生物学家威尔逊等人认为,动物的领域性行为受演化力量所塑造,人们见到的形式是由在进化史上所受自然压力所决定的。因此,动物是由遗传获得领域性行为的倾向,原因在于这样能生存、繁殖。对于这种看法,环境心理学家既有赞成的,也有反对的,目前还没有统一的认识。例如,泰勒赞成上述观点,认为人类领域性也和动物领域性一样是演化的结果。但是布朗不同意领域性的演化论,认为动物领域性极有弹性,而且是以学习为基础的,所谓"领域本能"的观点过于简单,令人无法接受。

究竟动物领域性是如何产生的,在这里这个问题并不重要,重要的是探究动物是如何依靠领域性进行生存、繁殖和进一步发展的。一些动物生态学家认为,领域性是一个人口密度调节的机制。领域性的本质是传递种群数量的信息,主要是资源与种群数量的信息,从而限制动物的数量,保证资源的供给。只有这样,食物供应和繁殖地点才可以被合理分配,其余的个体被排除在适应性生态环境之外。因此可以看出,领域性对于每种动物的整体发展具有适应性机制,有利于种族的顺利延续。环境心理学家普遍认为,动物领域性具有以下生态学意义。

第一,由于动物占有和靠近自己的特定场所,因而较容易逃避敌害。

第二,领域性行为使种群分散,因而避免了因过分拥挤带来的消极后果。

第三,领域性行为有利于雌雄之间一雌一雄制的形成和维持。

第四,领域性对于保护幼仔具有重要的作用。

总之,动物领域性能够满足动物对个体空间的需要。

（二）动物领域性的功能

1. 保护功能

动物领域性有利于动物的自我保护。虽然维持及防卫领域会消耗动物的时间和精力,但是,动物的领域一经确定,对个体和整个种族而言都具有积极意义。动物可以借此清楚地表明领域的界线,以及对其他种类的动物发出信号,从而减少动物间发生战争的几率。例如,猿和鸟不断以声音来向同类告知其位置,使自己有更多的机会避免冲突;许多肉食类动物常在其领域边界的关键位置撒尿和排便,这样不但传达了领域占有者占有范围大小的信息,还包括领域边界的相关信息,使其他动物对此有所准备。

2. 减少冲突

在动物之间发生冲突的情况下,领域性还可以提供其他保护,以避免动物之间因战斗而导致的严重伤害。这里最重要的是主体效果现象。这种现象说明动物在自身领域中表现出优于入侵者的支配性。例如,一只小狗把一只擅自闯入其领域的大狗赶走,这正是主体效果的体现。无论是狗还是夜莺,大多数动物在自己的巢穴中必然占有更多的优势,这是一般的生活常识。同时,研究也表明,小鸡在自己的窝里更可能啄外来的小鸡或鸟,鱼缸里的鱼更可能对迟来的鱼具有支配权,但是,如果两条同样的鱼同时被放入缸中,则它们各自占据其中一部分作为自己的领域。显然在这两个区域之间有易于辨认的领域边界,当其中一条鱼误入同伴的空间时就会立刻受到攻击,而自己被赶过边界。然而,攻击者在追逐中忽然发现自己游得太远,正处于另一条鱼的领域中,此时追逐者和逃跑者的角色就会互换。原先的逃跑者成了奋不顾身的攻击者。这个过程不断重复,直到双方都回到自己的领域内,相安无事,且"怒目而视"为止。由此看来,领域性并不一定增加攻击性,它会使误闯他人领域的动物主动撤离"战场",从而减少冲突。其他研究也支持这种主体效应。

3. 控制交配

虽然许多动物都表现出领域性的特点,不过最好的例子应该是当雄性动物以占据领域作为交配序幕时发生的攻击性战争。这方面典型的例子是非洲草原上的羚羊。在雄羚羊发情周期开始前,雄羚羊会离开以前所生活的单身族群,聚集在世代相传的展示场上,开始高度仪式化的战斗:雄羚羊在直径数米的空旷区域中确立主区域和保卫领域。在战斗中包括以角缠斗、推挤和喧闹,但是很少造成严重的伤害。战斗的胜利者成功地站在它的领域里,失败者则要离开上述场所或是向其他动物挑战。这样,雄羚羊就很自然地吸引了雌羚羊,也就具备了与之交配的机会。这个过程确保最强壮、最健康的雄性羚羊具有最多的交配次数,从而保证了种系繁殖的数量和质量,同时也有助于年幼、没有经验的羚羊留待日后交配,使动物种系能够延续和发展。

此外,除了自我保护、减少攻击和控制交配外,对动物来说领域性还有其他功能。动物领域性可以使动物分布较广,以避免食物供应和其他资源的负荷过重;同时它也有助于使废物堆积在一起,降低疾病的传播率。总之,动物领域性的功能是与动物生存、繁衍紧密联系在一起的。

（二）动物保护领域性的方式

动物保护领域性的方式主要是消灭敌害和自我显示两种。

1. 消灭敌害

在我国江南有一种螃蟹,它具有一种独特的生存特点,即在某个特殊的生长阶段,会脱掉起保护作用的硬壳。这时,它就很容易受到其他动物和同类的攻击、伤害。在这个时期,尚未脱硬壳的螃蟹常常通过嗅觉来觉察对方的侵犯。一旦发现对方有敌意,就毫不犹豫地予以消灭。鱼类中的棘鱼防卫领域性的方式有所不同,它们常常通过显示自己的颜色来进行自我保护和领域防卫。春天来临的时候,雄棘鱼就在自己的领域周围画一个圈,以抵挡外来的入侵者,同时在圈内建造自己的窝,用来完成传宗接代的任务。此后,棘鱼的身体颜色开始发生变化,从原来的灰色开始变为红色,背部是蓝白两色,眼睛呈蓝色。这种颜色变化一是为了吸引异性,二是为了驱逐同性的侵犯,以保护自己的领域。可见,动物领域性有助于它们消灭敌害,自我保护,从而使种系可以延续和发展。

2. 自我显示

许多动物保护领域性的方式是自我显示。例如,气味在许多雄性动物中是一种领域性行为的"公告",它警告其他的同性不得进入该区域。北美有一种鹿,其身上有丰富的皮脂腺,这种皮脂腺可分泌不同的气味,有区别性别、年龄和不同个体的作用,也有警告、恐吓其他个体的功效。这样就使其他鹿会采取一定的方式来"顺应"这种情形。而鼩鼱之类的小兽,则常常将腹部的臭腺涂擦于居住的洞穴壁,以表明此洞已被占领。兔子也有类似的行为,它们把尿撒在领域周围,以向其他兔子发出信号,"这是我的领域,不得擅入"。

可以看到,动物保护领域的方式多种多样,但总括起来是消灭敌害和自我显示两类。由此我们可以毫不夸张地说,动物保护其领域的方式是比较简单的,与人类相比有天壤之别。这也是动物之所以是动物,而人类之所以成为"万物之灵"的主要原因。

二、人类的领域性行为

领域性行为是人类的个人空间的满足方式。人类的领域性行为是基于感知的高度发展,是人类行为的生物学前提。然后人们才可以识别域名标记,尽一切可能保护自己的领域,特别是住房等主要领域,从而保证社会的正常运转和个人生活的有序发展。

(一)人类领域性行为的生物学基础

人类的领域性行为具有一定的生物学基础,特别是与人类的感觉发展之间有着密切的联系。追溯人类感官发展演化的历史可以发现,人类感官的发展经历了从依赖鼻子到依赖眼睛的转变。由于视野开阔,收集的信息量大,因而,为了生存需要,视觉器官的进化就成为必然。从种系发展来看,嗅觉对于低等动物而言,是一种极其重要的感觉器官,而对于人类来说,在距离感官(眼、耳、鼻)中,嗅觉没有视听器官显得重要。从人类的感官演化来看,它是遵循从直接感官(皮肤、舌头等)向距离感官的方向发展变化的,而在距离感官的发展演变中,又是朝着从嗅觉、听觉向视觉方向发展变化的。

然而,人类的领域性行为又是如何与感官演化发展对应的呢?动物生态学的研究业已表明,动物的领域性行为主要是为了延续种群、控制种群密度,而进化到了人类以后,领域性行为的存在逐渐从低级的生理需要发展到高级的心理需要,其中文化模式在这个过程发挥了重要作用,从而造成了不同文化模式中人的领域性行为是有差异的。

上述差异具体表现在,对建立在生物本能基础上的行为而言,与此相联系的是人的感官发展的最原始水平,即以触觉为主的感官发展阶段,这时人对领域的需求主要是为了满足生存和繁殖后代的需要。对建立在有机体水平上的生理活动而言,与此对应的人的感官发展开始从以直接感官为主向以距离感官为主的方向发展,但此时视觉仍不占主导地位,人对领域的要求开始具有公共性质,即开始懂得个体之间的空间要求的公共性问题。对建立在心理水平上的活动而言,不但这些活动模式具有十分丰富的内涵,而且与此对应的领域性行为水平也达到了较高阶段。此时人们的感官所获得的信息完全以距离感官中的视听器官为主,人们寻求的领域范围可能不是实际存在的地理区域,而是心理的空间。可见,文化的不同层次使人类的领域性行为表现出不同的层次水平,而文化又赋予人的感官以新的结构和意义,因此,可以认为人类的领域性行为与感官的发展演化存在着密切的联系,人类的领域性行为是以感官发展作为生物学基础的。

（二）领域标记和领域防卫

人类领域性行为的一个重要特征是领域标记。在平常生活中,人们对不同领域有不同方式的标记。布朗指出,从拥有者对主要领域的标记方式可以看出拥有者的价值观和个人特点,但次要领域和公共领域则是对空间占有的暗示。贝克尔曾经调查了人们在公共场所使用标记以维护领域的方式,结果表明,人们几乎利用所有手头能利用的东西,例如在公共汽车站可能利用背包和手提袋,在图书馆是用书本,在教室是用作业本,在海滩上是用毛毯、收音机。无论在何时何地,用个人所有物作为领域标记可能比其他东西更为有效。

很明显,领域标记物构成了有效的警告系统,使得人们在公共场所避免与他人发生各种冲突。一般情况下,这些标记物总是得到其他人的尊重。贝克尔发现,领域标记的有效性会随着群体压力而改变。换言之,当空间压力较高的时候,衣服等私人标记物比非私人标记物更为有效。例如,把一件外套放在餐桌旁的椅子上,这就向其他就餐者宣告:"这里已有人了。"这种办法经常是非常有效的。

　　人类领域性行为的另一个特征是领域防卫。虽然人们经常标示其公共领域,但是当别人侵入领域时另一些人通常不会加以保护,除非当事人在场。贝克尔的研究发现,如果已被标记的公共领域因主人不在而被侵入,则附近的人通常不会防卫。麦克安德鲁等人的研究表明,即使入侵者不在现场,原来的所有者也不会再次主张其所有权。研究表明,被试回到图书馆座位时发现他们的标记物被搁在一边,而且已被别人的所有物所取代。在这种情形下,没有一个人再回到原来的座位上,但是,也有一些研究发现,原来的占有者或周围的人明显地保护其公共领域,其中一个研究是在赛马场进行的。当身边的人离开座位而被其他人占用时,63%的人会对抗侵入者,而且维护原先使用者领域权。另一个研究也指出,领域对于所有者的价值是决定是否防卫的重要因素。泰勒和布鲁克斯于1980年发现,50%在图书馆的桌上留下标记物的人会要求入侵者离开,如果发现有人占用已标记的座位时,每个人都会要求入侵者离开。

　　上面是人们对公共领域的防卫,如果防卫的对象是主要领域(如住宅)时情形就大不一样了。当私人住宅被入侵时,多数住宅主人表达出震惊、不可信、混乱和被侮辱的感受。许多人把它与强暴相提并论,以此强调主要领域在生活中的重要性。布朗等人发现,如果被入侵的损失是财产被破坏,或者具有感情和金钱价值的财物(项链、戒指)被偷走,则上述负面反应会更加严重,因为私人物品的损失进一步加强了受害人失去领域控制的感受,使得他们觉得更不安全。

第四节　领域性与环境设计分析

维持社会的安定是领域性的重要功能之一。一个区域如果不能明示或暗示空间的所有权、占有权和控制权,人们相互交往就会一片混乱。领域的建立可使人们增进对环境的控制感,并能对别人的行为有所控制。领域性理论对环境设计的重要意义存在于确立一种减少冲突,增进控制,提高秩序感和安全性的设计。

一、增进领域感

领域感就是个体或者群体控制某个场所或物体的能力与感觉。人们可以根据个人喜好使用该空间,或在实质上加以改变以反映他们的特性。领域的拥有者对领域的认同,并在某种程度上表达出来,就构成了领域感。具体地说,这种表达在实质环境方面就是建立了领域标志品。这包括保持户外环境的整洁、美化院落、种植花草和树木、做围栏和篱笆。建立个人化的标志品,如在外墙上挂一块标有自己姓名的牌子等。这些领域标志品可以向外人传递一些不言自明的信息,而且此类标志品也可以把别人和自己的住家隔离开来。如果有人想跨越领域的界限而无端闯入,居民可以大声呵止,或呼唤邻居和打电话给警察。

Brown 和 Altman 对同一社区中被小偷光顾过的住户和没有被小偷光顾过的住户做了比较。他们说那些建立个人标志物的住户(外墙上挂一块标有姓名的牌子)以及建立领域标志品的住户(如做树篱和低矮障碍物),较少受到小偷的光顾。这些记号似乎能阻止小偷。如预料的那样,那些表现出领域感的住户不论是有意的还是无意的,也很少被偷。Perkins 也发现,那些对犯罪恐惧感较低的街区里,住户们大都贴上了一些个人化的标志物。

领域感有助于附近居民的安全感的原因是什么呢? 领域标

志品除了能帮助进行更为明确的空间限定、提供居民控制空间的能力和方法以外,领域感和社区的认同感紧密相连。领域感较强烈的社区,居民间的社会交往也较积极,社会合作也较多,所以财产受侵害的可能性也较小。领域感有两个层面:在实质设计元素层面上,它意味着建立领域标志品,并以此划分和界定空间;在社会层面上,它意味着居民对场所的责任感和对社区的非正式社会控制。

二、可防卫空间

领域感为环境设计提出了新的要求,即如何通过环境设计增进领域感。增进领域感的环境设计方面最重要的理论是由Newman建立和完善的,他对低造价住宅的犯罪率进行了详细的分析。他的结论是公共和半公共空间的设计与犯罪率有关。在他以前,Jacob首先提出某些城市设计手法有助于减少居住区的犯罪。譬如,住房应该朝向有利于居民自然观察的区域,公共空间和私有空间应该明确区分开来。公共空间应该安排在交通集中的地方等等。Newman发展了这些想法,并给他的理论贴上了"可防卫空间"的标签。Newman建议,可防卫空间的设计特征有助于居民对领域进行控制,这将导致犯罪案件的减少和居民恐惧感的降低。

Newman认为:"真正的和象征性的屏障,加强限定的影响范围和改善监视的机会组合起来,使环境可由其居民加以控制。可防卫空间是一种既能提升居民生活,又能保障家庭、邻居和朋友们安全的现代住宅环境。"他还指出,有了可防卫空间能达成两个目的,从而可以阻止犯罪。第一,可防卫空间能鼓励居民之间的社会交往,有望促进感情而加强邻里的团结。第二,改善视觉接触,增加对居住区的监视。这可以由居民们不拘形式的或是由警察正式执行。建立真正的或象征性的屏障,可以帮助居民控制环境。真正的屏障包括篱笆、大门、高墙等;象征性屏障包括花园、树丛、灌木和台阶等,通过这些屏障可以使得住房不能被轻易进入。而且此类障碍物可以把一个似乎属于所有人而实际上没有多少居民真正关心的公共空间,划分成一个个可以管理的区域,于是居民们的参与意识和主权感也得以激发了出来。

可防卫空间的下列两个方面是非常重要的。

第一,需要明确哪些是首属领域,哪些是次级领域,哪些是公共领域,因而需要更为明显的领域界限。明确的领域界限有助于每个人把私有住宅外的半私密半公共区域视为住宅和居住环境的组成部分,有助于在住宅边形成亲密和熟悉的空间,可以使居民能更好地相互了解,加强对外人的警觉和对公共空间的集体责任感,这有助于防止破坏和犯罪。而领域标志物,无论其是实质性的还是象征性的,都是领域限定的要素。

第二,可防卫空间理论突出了居民自我防卫的重要性,居民的自我防卫,首先是提高对空间的监视机会,从而对犯罪分子具有心理威慑作用。Newman 以建筑内楼梯和电梯为例指出,这两个地方都是犯罪案件的多发地点。在大多数集合住宅里,楼梯间与通道隔开,因此邻近的住户不仅不能主张将此划入他们的范围,而且也没有机会对这些空间做非正式的监视。由于这个原因,楼梯间常常是犯罪的多发地。Yancy 在他的研究中曾叙述了高层住宅居民对使用楼梯时的恐惧。然而更明显的是在关闭起来的电梯里,犯罪人在电梯里的所作所为更不为人所知。Newman 认为领域过渡和所有权最不明确的地方存在于下述这样的住房设计中:许多住家共用一个出入口,而任何人都可以通过此出入口进入某一单元;很容易进入的半公共区域,住户对有些地方监视不到。此外他还认为,那些有栅栏、庭院以及其他区分公共和群体区域手段的公寓楼犯罪率较低。共用一个出入口的家庭数量少,窗户和过道的位置使人能够进行监视,犯罪率也低些。

由于很多人对 Newman 的资料的准确性有不同的意见,自从他的理论问世以来,很多研究检验了可防卫空间的准确性,绝大多数都支持可防卫空间的一个或两个基本原则。譬如在一次调查中,有一个公园晚上所发生的反社会活动比其他公园少得多,研究人员就去寻找其中的原因,他们发现在公园边上有一住户到了晚上会点亮一盏灯来为夜晚的游客照明,这明显支持了Newman的可监视机会的想法。

我们的看法是,可防卫空间作为一种设计要素可以提高人们的安全感。但此结果的产生首先必须能影响人们的行为。一个较全面的观点应该是这些设计特征既影响了居民,又影响了破坏者,这种影响才是使犯罪活动下降的真正原因。可防卫空间的设计特征对居民的影响可以有两个方面,一是居民们的领域感增强了,二是他们的行为改变了,领域性行为增加,并加强了对领域的监视。

一个巴尔的摩的研究工作中,研究人员给居民看一组设计特征不同的房子的图片,这些特征包括围栏、栅栏、植物等,在有的图片上院子里还有人。当图片上有栅栏和植物时,居民们相信外人擅自闯入的可能性较低,被偷的可能性也较低,此类房子是安全的。但当图片上院子里有一个人时,居民的判断出现了差异。那些来自犯罪率较高地方的居民把这看成是潜在麻烦的标志,但来自低犯罪率地区的居民却把这个人看成是降低犯罪可能性的因素。实验用的是一些线条图,这意味着来自高犯罪率地区的居民趋向于把这个人看成是外来者,这个人可能会进行犯罪活动。来自低犯罪率地区的居民则把这个人看成是邻居,认为到房子外面放松一下或做一些园艺。所以这是一个很有趣的问题,这个人究竟是被看成是邻居呢?还是过路人呢?显然,可防卫空间的特征并不能让每个人都感觉安全。

可防卫空间是一种设计要素,它对安全感这样复杂的问题有着重要的意义,但它不是社区犯罪的唯一的解决方法。包括Newman在内都承认在居住的安全感和犯罪问题上,社区的社会环境要比设计特征更重要。

三、邻里的道路系统

社区中来来往往、川流不息的车流是居民活动的重大威胁。现在,很多居民感到社区里的车子实在太多了,为了限制车流,许多社区非常有必要在其出入口设置路障。限制车流最明确的理由是使儿童的活动更安全,并减少交通噪声,此外还有一个重要原因就是可以增强居民的领域性行为。Newman 为此提供了观察资料,他说在美国圣·路易市的一些大街上有可防卫空间特征,包括入口上方有门楼,并严格限制了车流,降低了车流量。居住在这条大街附近的居民经常在屋子外面散步或在院子里工作,从事户外活动。虽然这些行为并非全是领域性行为,也不是都被看成是对邻里的防卫,但其效果却非常明显。它降低了不法分子反社会活动的可能性。并且由于居民们自然形成对邻里的监视,也导致无端闯入者大为减少。这是一个自然观察研究,不能作为一种严格的论断。然而此例显示出如果能限制车流的话,社区里所遇到的麻烦事就会少得多。

在许多城市里实施的诸如封闭街道等一些措施,使居民对社区有控制感和认同感。如果进入社区的车不多,而且都是本社区居民自己的,居民们也能识别它们。

改进住宅区的街道设计是提升公共开放空间质量的策略之一。目前许多住宅区内的路面不是太宽,就是不能作为居民活动与交通运输之间的缓冲。事实上住宅区现有路网可根据其功能重新规划,比如在不通行汽车的地方设置路障,为了减少车流也可将原有的道路改成尽端式,使它成为只是通往道路两侧住宅的通道。改变道路功能以后,多余的街道可以设计成小公园、停车场,或兼具两者功能的街道空间。出入道路可以适度降低交通量,并创造更多样性和人性化的街道景观。在著名的旧金山城市设计方案中,就包括在传统的方格网道路系统中,供非穿越性交通使用的整体街道改善计划,以及环状的出入服务道路系统。

　　Appleyard 和 Lintell 两人的研究肯定了此项计划的效益。他们发现，社区意识与穿越邻里道路的交通量成反比。两位研究人员选择的是一个旧金山意大利裔社区的一个住宅区，这个住宅区中有三条街，交通量有很大差别，他们对这三条街上的居民做了调查。三条街中第一条交通量最大，为 15 750 辆/天，第二条街的交通量中等，为 8 700 辆/天，第三条街的交通量最少，为 2 000 辆/天。居民类型多种多样，有的早已在此地住了许多年，居民中有小孩的家庭大都住在交通最少的那条街上，也有一些单身住户，不过他们多住在交通最多的那条街上。

　　Appleyard 和 Lintell 向居民们提了很多问题，这些问题涉及交通事故、噪声、压力、社会交往、私密性和家庭领域所及范围等诸方面。那些住在交通量最大的那条街上的居民报告说他们感到环境恶劣，街上常常有交通事故等。当被问及住户间的邻里关系时，住在交通量最大街道上的居民只认得街这边的几户邻居，街对面的住户都不认得。而住在交通量中等和交通量最少的两条街上的居民，他们的社交关系可以发展到街对面。交通量最小的街上的居民平均每人有 9.3 个朋友，交通量中等的街上的居民平均每人有 5.4 个朋友，而交通最频繁街道上的居民每人只有 4.1 个朋友。当研究人员请居民们画出他们家的领域所及范围时，交通量小的街上的居民倾向于把领域范围扩大到整条街上，有的居民说："我感到我的家扩展到整个街坊"，而交通量最大的街上的居民，他们所画的家的领域只涉及整幢房子，领域绝不延伸到街道。

　　但是如果在社区内实行限制交通的规矩通常会有很大阻力。"街道是属于人们的，而不是属于汽车的"是规划员常常挂在嘴上的一句话，但实际的问题却不是那样简单。拥有汽车的人是不会轻易放弃既有的停车空间，或是改变上班的路线。

　　改变整个邻里的政策是困难的。比如交通路障将会受到乘公共汽车者的反对，而且也会受到那些感到交通不便居民的反对。另外，任何改变，其费用还是落到住户头上，这也是一个难点。但是无论如何，改善居住区的道路系统是增进邻里的领域感和邻里关系的重要方法,良好的街道形式会鼓励积极的社区活动。改善街道形式并不仅仅是将盗贼从社区中赶走,而是促进社区的邻里关系,增进社区活动的品质,进而提高居民的社区意识才是最重要的目标。在各种街道形式中,研究人员发现尽端式道路会提高居民对邻里的归属感。

第八章 生态文明视野下的个人空间与环境设计研究

空间是物体存在的形式,空间首先是距离,它几乎决定了我们生活里的所有方面。距离决定爱和美,决定欢乐和幸福,也决定机会和成功。距离是权利的象征,物体在空间里的不同位置可以显现不同的关系,同时距离也是沟通的手段。每个人都有个人空间,而且个人空间对每个人来说都有重要的价值。

第一节 个人空间概述

一、个人空间的概念

我们在与人交往中使用环境的基本方式之一就是与他人保持距离。用接近或远离他人的方法使我们和别人产生接触或者少接触。动物行为学家早已观察到动物在这方面与人类非常相似。例如,鸟儿在电线上停了一排,彼此之间保持一定的距离,就好像它们用卷尺测量的一样,恰好使谁也啄不到谁。两只陌生的狗走到一定距离内,它们会停下互相打量对方,然后进一步靠近或是一方逃之夭夭。有学者也指出,许多动物在进食时均匀分散,使彼此之间保持同样的距离。个人空间,动物学家称为个人距离,所指的仅仅是人与人之间的距离吗?

Robert Sommer 生动地描述了个人空间:个人空间是指围绕在人体周围的无形界限且不允许他人进入的区域。像叔本华寓言故事中的豪猪一样,人们需要亲近以获得温暖和友谊,但他们又必须保持一定的距离以避免相互刺痛。个人空间不一定是球形的,并且各个方向的延伸不一定,所以有些人将它与蜗牛壳、肥皂泡、气味和休息室相比较。

因此,个人空间是人们身边具有无形边界的空间范围。无论人们走到哪里,这个空间都紧随其后,基本上,这是一个围绕在人们身体周围的气泡。当其他人闯入这个气泡时,它会引起某种反应,通常是一种不愉快的感觉,或者是一种后退离开的冲动。另一方面,个人空间并不是固定不变的,它会在环境中膨胀或收缩,它是动态的,是一种变化的边界调整现象。有时我们会依赖别人,有时候又会远离别人,并随着情况而改变。尽管每个人都有自己的个人空间,但他们的个人空间并不完全相同。此外,虽然个人空间主要是指人际距离,但并不排除社交沟通的其他方面,如沟通方向和视觉接触。Gifford 还认为,个人空间不是一种非此即彼的现象,也就是说,个人空间的气味没有明确的界限。这更多是一种生理和心理上的梯度。

二、个人空间的功能

控制个人空间各种功能的距离是最重要的。在每一项工作中,学者都发现不合适的空间安排会导致不舒适,缺乏保护,觉醒、焦虑和无法沟通等效应。不适当的人际距离通常会有一个或多个负面影响。相反,合适的距离会产生积极的结果。

(一)私密性调整的空间机制

根据 Altman 的理论,我们已经看到私密性、拥挤、领域性和个人空间是相互关联的,隐私是这些概念的核心。私密性是一个动态的边界调整过程,人们通过一系列行为机制获得私密性。这些行为机制包括语言行为、环境行为和文化习惯。个人空间和领域性是环境行为。因此,个人空间是一种调节与他人相互交往并获得所希望的私密性的技巧和手段。个人空间是私密性调整的空间机制。从这个角度来看,个人空间和领域不仅具有相同的性质,而且具有相似的功能。领域是一种不能随意进入的场所,个人空间也有一个边界和范围。虽然它不是视觉上可见的,但明确、真实和有效。个人空间和领域之间的区别在于个人空间可以随着人们的移动而移动。这是一个人们可以随身携带的领域。

（二）舒适度

当 Sommer 开始研究个人空间时,他的出发点是在互动时为人们的舒适度找到合适的距离。双方谈话时站得太近或太远会令人不舒服。Hall 对此做了一项研究。他让一个士兵在离军官三步远的地方立正,此时军官开始和他谈话。Hall 说对进行交谈的两人而言,三步的距离实在是不舒服。其他人的调查也发现不合适的远距离人际空间会令人不舒服。而不合适的过近的人际空间不仅让人不舒服,还使人体验到压力,那就是拥挤。

（三）保护机制和交流控制

Dosey 和 Meisels 将个人空间视为一种自我保护机制。双方都认为,如果来自外部世界的威胁和自我意识增加,个人空间也将变得更大。在监狱里进行的一些研究也表明,暴力犯罪者比没有暴力犯罪史的囚犯的个人空间大四倍。这些研究人员认为,这些暴力罪犯不仅威胁到他人,还特别容易感受到来自他人的威胁。由于担心报复进而扩大个人的保护区域,个人空间也相应变大了。

控制人际交流的强度和程度也是个人空间的重要功能。例如,当我们与朋友和亲戚在一起时,个人空间相对较小。但是当你和一个陌生人在一起时,你的个人空间相对较大。因此,个人空间可以调整和控制收到的刺激量。

三、个人空间的利用

人类如何利用个人空间作为调整社交沟通的工具？Hall 提出了这方面的系统和理论解释。Hall 认为个人空间是传达信息的一种方式。他早期关于个人空间的作品——《无声的语言》中包含了一个表达这种观点的题为"言语空间"的章节。几年后，他发表了一本关于个人空间研究领域最重要的书籍——《隐匿的维度》。在这本书中，他系统地揭示了空间在人类互动中的作用。他称这个理论为"近体学"。

（一）Hall 的近体学

Hall 有两个中心理论。首先，他表示，北美人在日常互动中经常使用四种人际距离，即亲密距离、个人距离、社交距离和公共距离。随场合的不同人们使用不同的人际距离，换而言之，人们使用这些人际距离是随场合的变化而变化的。例如，公共场合与私人场合不同。其次，作为人类学家，Hall 认为来自不同文化背景的人有不同的个人空间。例如，阿拉伯人在彼此交谈时距离较近，而德国人距离较远。

亲密距离。亲密距离范围从 0 ～ 18 英寸（约 0 ～ 45 厘米），它包括一个 0 ～ 6 英寸（约 10 ～ 15 厘米）的近段部分和一个 6 ～ 18 英寸（约 19 ～ 45 厘米）的远段部分。在亲密的距离中，视觉、声音、气味、体温和呼吸的感觉结合起来，与另一个人建立真切的关系。在这段距离内发生的活动主要是舒适、保护、爱抚、战斗和私语等。亲密距离只用于密切的关系，如亲密的朋友、恋人、配偶和亲戚。在北美文化中，陌生人和偶尔认识的人不会使用这种距离，除非他们在常规游戏中（如拳击）。一旦陌生人进入亲密的距离，别人就会作出反应，比如后退，或给以异样的眼光。Hall 说，总的来说，成年中产阶级的美国人在公共场所不使用亲密距离，即使他们被迫进入这个距离，他们往往会紧缩身体，避免碰着他人,眼睛毫无表情地盯着一个方向。

个人距离。个人距离范围从1.5～4英尺(约45～120厘米),它包括1.5～2.5英尺(约45～75厘米)的近段和2.5～4英尺(约75～120厘米)的远段。在近段活跃的人都很熟悉,并且关系融洽,好朋友经常在这段距离内说话。Hall说,如果你的配偶进入这个距离,你可能不在乎。但是,如果另一个异性进入这个空间并接近你,这将是"另一个故事"。个人距离远段允许的个人范围非常广泛,从更亲密的谈话到更正式的谈话,这是人们在公共场所常用的距离。个人距离可以使人们的沟通保持在合理的近距离范围内。

社交距离。社交距离的范围从4～12英尺(约120～360厘米),它包括一个4～7英尺(约120～200厘米)的近段和一个7～12英尺(约200～360厘米)的远段。这种距离通常用于商业和社交联系,例如鸡尾酒会上的面对面访谈或对话。Hall认为这种距离适合许多社会群体。但是超出这个距离,互相交流就相对困难了。社交距离通常出现在商业环境中,也就是说,当不需要过度的热情或亲密感时,包括语言接触、目光接触等,这种距离是适当的。

公共距离。公众距离超过12英尺(360厘米),它包括一个12～25英尺(约360～750厘米)的近段部分和一个25英尺(750厘米)或更远的部分。这个距离并不是普遍使用的,通常发生在更正式的情况下,并被更高地位的人使用。老师在课堂或班上给学生上课是比较常见的。演讲厅的演讲者与最近的听众之间的距离通常在此范围内。据说在抗日战争之后,当阿拉伯人和以色列人谈判和平时,双方代表之间的距离正好是25英尺。一般而言,公共距离与上述三个距离相比在人们沟通的过程中是有限制的,主要是在视觉和听觉方面。

Hall强调距离本身并不是一个重要因素。更确切地说,距离提供了许多沟通可以发挥作用的媒介。视觉、听觉、嗅觉、触觉等感官可以在亲密距离内发挥特殊的作用。随着距离的增加,视觉和听觉等感官变得越来越重要。

（二）近体学的验证

Hall 的理论来自于他独特的观察和思考,但他的观点在很大程度上得到了证实,Altman 和 Vinsel 考察了 100 项关于个人空间的定量研究,这些工作都提供了实际测量到的距离。这些实验使用了不同的方法。有些实验是由男性进行的,有些只有女性参加,一些研究由男性和女性混合进行,一些研究是在紧密团结的个体之间进行的,其他研究则衡量陌生人之间的行为,以及涉及不同文化和种族的人。因此,两者所审查的研究涉及的范围相当广泛。一般来说,坐着的人比那些站着的人距离大得多。当人们站立时,最广泛使用的距离是亲密距离的近段和个人距离的近段,平均约 18 英寸(45 厘米),这相当于 Hall 假设的人们公开场合的交往距离。由于这些数据来自许多不同类型的人,这个结果令人印象深刻。只有极少数人处于亲密距离的近段距离,只有少数人使用社交距离和公共距离。人们倾向于使用个人距离的远端和社交距离的近端。他们之间的距离(在两个人之间或两把椅子之间测量)大约为 4 英尺(120 厘米),比站立的人之间的距离大约 1.5 英尺,这个浮动的距离取决于人腿的长度。所以当人们坐下时,他们的距离既不太近也不太远,就好像他们知道并选择了一种标准的,可以接受的实际关系一样。

可以说,Hall 关于人际距离使用的观点在总体上,尤其是日常交流中关于个人距离和社交距离的讨论中得到证实。这些结果强化了个人空间是人们调整社交互动的一个重要机制的观点。所以,Altman 认为,人周围的空间可以被视为调整与他人互动的最后屏障。

中国在这方面的工作很少。杨志良、蒋冶、孙荣根对 160 名20 ～ 60 岁成年人进行了实验研究。这些被研究者彼此陌生,一半是男性,一半是女性,有些是干部,有些是工人,他们的文化水平也不尽相同,有的是大学生,有的只有初中文化。这项研究揭示了中国个人空间的一些数据。他们发现陌生人之间,无论同性接触还是异性接触,都存在一定的人际距离。通过实验确定,女性与男性接触时的平均人际距离为 134 厘米,这是所有组中最大的。当女性与女性接触时,平均人际距离为 84 厘米,两者差距悬殊非常。男性与女性接触的平均人际距离是 88 厘米,男性与男性接触的平均人际距离是 106 厘米。可以看出,男性之间的人际距离大于女性之间的人际距离,男性和女性在接触时相对放松。这种关系更加清晰,特别是女性与女性及女性与男性交往相比。研究人员认为,总体来说中国人际距离相对较小。

然而,赵长城和顾凡提供的另一个数据表明,与外国人相比,中国人的人际距离并不小。他们测试了 180 名 11 岁、16 岁和 21 岁的小学、中学和大专学生的人际关系空间。他们说最大的人际距离是 16 岁,平均为 147 厘米。11 岁时的人际距离为 139.4 厘米,21 岁时的人际距离为 140.1 厘米。这两个来源有很大的区别。看来这个领域需要更多的研究来确认中国人的人际距离。

第二节　个人空间的影响因素分析

Hall 对个人空间的开拓性工作鼓励了很多学者参与这个课题,研究人员对于哪些因素会对个人空间产生影响很有兴趣。许多研究是针对个人空间的差异方面,比如性别、年龄、社会经济地位、文化等对个人空间的影响,很明显这种差异是存在的。

一、个人因素

尽管 Hall 没有强调个人空间的个体差异,但它仍然是一个有趣的话题。个人因素包括性格、年龄、性别和身高等人口统计变量。普遍的看法是,人们与那些明显不正常或有身体缺陷的人保持更大的距离。例如,人们对癫痫患者和同性恋保持一定的距离及看法。此外,研究确实发现一些个人因素会对个人空间产生影响。

（一）年龄

一般来说,个人空间随着年龄的增长而增长。在 1975 年由 Tennis 和 Dabbs 领导的一项工作中,讨论了年龄、性别和环境对个人空间选择的影响。这些研究对象包括 1 年级、5 年级、9 年级和 12 年级,以及大学二年级的学生。他们与同性学生配对,并在实验室的角落和中心进行实验。之所以选择角落和中央位置,是因为之前由 Dabbs 进行的另一项研究发现,当有他人接近时,在房间的角落中的测试者与在房间中间的测试者相比,前者的个人空间更大。

Tennis 和 Dabbs 的研究表明,一般来说,年龄较大的受试者比年轻受试者的个人空间范围更大,男性比女性保持更大的空间,角落里的人又比中心的人空间更大。应用模拟法也有类似的结论。在一项儿童选择一定大小的圈子来代表自己的个人空间的作品中,Long 等人发现,由测试者选择的圆的大小随着年龄的增长而增加。但是,个人空间与年龄的关系并不固定,老年人的个人空间相对较小。Heshka 和 Nelson 进行了实地调查,他们没有明显地衡量两人在谈话中的距离,并在测量完成后分发有关个人特征的问卷,他们发现,与中年人相比,年轻和年长的人群之间的距离较小,最大间距由 40 岁的小组维持,这项研究的年龄范围很大,从 19 ~ 75 岁。从这项工作中,我们了解到年龄和人际距离之间的关系是曲线的。年轻人之间的距离很小,另一方面,老年人的人际距离也很小。对于后者,我们可以解释老年人的感觉不再像以前那样敏感,因此希望依靠包括空间在内的不同线索来部分弥补这种能力的下降。老年人喜欢与其他人接近,以增加触觉和嗅觉作为交流手段。

（二）性别

在性别方面,男性比女性拥有更大的个人空间。而且,同性之间交往时的人际距离与异性之间交往时的人际距离是不相同的。杨志良、江燕和孙荣根的调查显示,男性在沟通时,人际距离为 106 厘米,接触女性时,他们的人际距离为 84 厘米。当女人与男人接触时,女人需要 134 厘米才能感到舒适,当男人与女人联系时,他只需要 88 厘米。从杨志良等人的研究中,我们可以清楚地看到,女性与男性接触的个人空间远大于男性与女性接触的个人空间。作者解释说这与社会化进程有关。除了传统的"三从四德""男尊女卑"等意识形态外,女性也很害羞,导致女性在接触他人时非常小心,并且有防守心态。相比之下,男性则恰恰相反,男性在接触别人时更勇敢,心理压力较小。当男性和女性在个人空间被闯入的时候,且会感到困扰时,男性比女性感觉更糟糕。反应程度与闯入的方向也有关系,当其他人从侧面闯入时,女性反应比男性更焦躁,而男性对正面入侵的反应比女性更消极。

（三）受教育水平

不同文化程度的人对人际距离有不同的需求。杨志良等人的工作显示,在一组男性和女性接触的实验中,大学生所需的人际距离平均为 98 厘米,小学生和高中学生所需的人际距离平均为 81 厘米。更为明显的是,男性之间的人际交往中大学生所需的人际距离平均为 110 厘米,小学生和高中生所需的人际距离平均为 99 厘米,可以看出,不同文化层次的人们的需求是不同的。

二、社会因素

个人空间是人们相互沟通的工具。社会因素也会影响个人空间的大小,这些社会因素包括人际关系、交往的性质以及社会地位等。

（一）人际关系与吸引力

早期主流的个人空间研究考察了个人空间与人际关系之间的相互作用。研究结果表明，相互熟悉程度和吸引力是减少个人空间的决定性因素。在与他人打交道时，如果你喜欢他们，或者对他们更友善，人际距离就会缩小，人与人之间的距离也会更近。相反，如果人们不熟悉或印象不好，所有人员之间的距离会越来越远。一般来说，亲密的朋友靠近在一起，使用 Hall 的人际距离的近距离，熟人和一般人使用个人距离的远段。另外，如果对方体面和优雅，则使用个人距离的近段。

（二）合作与竞争

互动的性质也会影响个人空间的大小，Sommer 在这方面进行了一系列研究。他发现，如果人们相互合作，他们会选择坐得更近，但重要的是座位的方向不一样。当彼此竞争时，人们会选择彼此相对而坐。当他们彼此合作时，人们会选择较少的直接方向，例如并排坐在一起。然而，这种行为显然受到物理环境布局和习俗修正的影响。例如，如果一对恋人进入酒吧，他们宁愿坐在相对的位置。

（三）社会地位

杨志良等人在实验中考察了干部与工人的个人空间。他们发现不同的社会角色对空间有不同的需求。在男女接触的实验中，干部平均需要的人际距离为 97 厘米，工人的人际距离平均为 82 厘米。因此，干部需要的人际距离显著大于工人。Barash 运用角色概念巧妙地改变助理的服装，来观察学生的反应。助理穿着衬衫打着领带装扮成讲师，他坐在图书馆里，离学生很近，结果，学生纷纷避而远之。但是当他穿着牛仔裤 T 恤打扮得像一名学生时，学生的反应并不那么消极了。

人们有很强的控制人际接触的能力,并利用空间使这种控制变得容易。一个属于次要角色的、地位卑微的人,宁愿与一个重要角色、社会地位高的人保持较大的距离。这种非言语交流清楚而明确地告诉他人两者之间的关系。这是近身体科学的原始意义。

三、文化因素

文化人类学的工作告诉我们,文化对人类行为影响很大,文化是影响行为的重要因素之一。Hall 的另一个核心观点是:不同的文化使用不同的人际距离。他观察到,在不同的文化中,家具的布局、家庭的设计以及人与人之间的相对角度是不同的。例如,Hall 描述中东和地中海的人们是看重感觉的,这些社会中的人们非常亲密。例如,以亲密距离的远段为例(6 ~ 18 英寸),美国成年人通常不使用这种距离,但在阿拉伯世界,这种距离相当普遍,在许多情况下,这意味着信任。在地中海的奥斯特里亚,人们可以在聚会时接受这样的距离,但这距离在美国的鸡尾酒会上似乎太过接近。

Hall 认为,阿拉伯文化往往与其他文化保持高度的接触。在阿拉伯人的交往中,拥挤、浓厚的气味和密切的联系起着非常重要的作用。阿拉伯人很少感受到入侵或其他人过于接近的感觉。当阿拉伯人凑到对西方人而言是亲密距离和个人空间之内时,西方人会显得非常反感。有些人对美国学生和在美国学习的阿拉伯学生进行了比较。当学生分组讨论时,阿拉伯学生比美国学生坐得更近,他们有更多的接触,并说出更响亮的声音。

不过,美国人的个人空间并不是各种文化里最大的。Little 和 Sommer 曾用模拟法让来自 5 个国家的人按相互关系放置玩具娃娃,结果他们的结论与 Hall 一致,来自意大利南方和希腊的人,放置的娃娃比来自瑞典和苏格兰的人所放置的近,美国人使用的只是中等距离。普遍的看法是德国人的个人空间比较大,而且德国人对侵犯个人空间非常敏感。德国人常借私人房间、关闭门户、厚壁重墙和围垣等方式维护私密性,并做得非常彻底。按照 Hall 的看法,德籍学生表示任何接近到 7 英尺(210 厘米)范围内时就已构成不合时宜的侵入了。在德国人的观念里,个人空间更多的是指对一种界限的特殊定义,在此界限内,个人的私密性会受到他人的威胁。如果客人搬动椅子想靠近主人,这种举止在美国和意大利是可以理解的,但在德国常常被看成是无礼的和冒犯主人的行为。著名的建筑大师密斯所设计的椅子重量就比非德籍的建筑师和设计师所设计的要重得多,所以你很难搬动密斯设计的椅子。

当然,不同文化在使用人际距离时也存在一致性。Sommer 曾要求来自不同国家的大学生区分不同座位的亲密程度。美国、英国、瑞典、荷兰和巴基斯坦都把并排的座位看成是最亲密的,其他依次为邻角的和面对面的座位安排。座位间的实际距离越远,亲密程度越低,每个人都是如此判断的。所以虽然不同民族存在差异,但还是显示出不同文化之间潜在的一致性。

第三节　个人空间的理论与测试

人类的空间行为十分复杂,也许有人会提出这样的问题,人们使用空间是否有规可循呢? 个人空间是否可以测量? 回答是肯定的。

一、个人空间的理论

关于个人空间的理论研究较为困难,至今只有为数不多的学者从事个人空间理论的研究,且收效不大。目前比较公认的理论是均衡理论、激发状态理论和刺激模式理论。

（一）均衡理论

在对个人空间行为的解释中,最具影响力的是阿盖尔和迪安提出的亲和—冲突理论。他们选择亲和—冲突的理由,是相信人与人之间的交往都包含有趋近和逃避两种倾向。在人际互动中,最适宜的情形是两股力量相互平衡而达到均衡。

目前,这个理论已演变为著名的均衡理论。这个理论认为在某个特定的情境中,两个个体之间的亲密程度假定是相对不变的,只有保持这种适度的感觉水平,心理上才能产生舒适感。这种舒适、平衡感的保持是通过许多言语的、非言语的行为来实现的,包括谈话、微笑、眼神接触、身体定向、姿势、碰触以及两个个体的空间距离等。这些行为的不同水平的组合使人达到平衡状态。现假设两个个体需要保持的亲密程度已经确定,当相互间距离过远时,个体就会采取提高谈话的声音和增加微笑的次数来满足这种亲密程度。如果相互距离太近,则个体就会减少微笑的次数或减少目光接触来减弱过分亲密,以达到适宜水平。因此,每次互动开始时都有一段不稳定时期,这时每个人都在尝试建立平衡。一旦亲密程度达到均衡时,任何一方的改变都会因为对方的非言语行为而反向地抵消。总之,一定的人际感觉水平决定了一定的行为模式水平,为了保持一种平衡感,任何一种不适宜的行为水平可以通过另一种行为水平的改变而得到补偿。

阿盖尔和迪安的均衡理论大大激发了人们的研究兴趣。有些研究者为了检验这个模型,在实验室中安排被试与陌生人进行互动,其中陌生人的行为在交谈中有所变化。阿盖尔和迪安预测,这种变化会因为被试的非言语行为而抵消。大多数研究都支持了这种预测,其中眼神接触和人际距离是经常被测量的行为。确实,均衡理论用动态发展的观点去解释人类的空间行为,不但符合实际情况,而且含有丰实的辩证法思想,对于进一步深入研究人们使用空间的特点和规律,无疑具有一定的价值和意义。

（二）激发状态理论

虽然多数研究都支持均衡理论,但布里德等人研究后发现,某些人回应对方增加亲密程度的表现,并不像阿盖尔和迪安所预测的那样。于是就导致了对此的继续研究和激发状态理论的产生。

激发状态理论(也叫激发模型)的提出者帕特森试图解释为何有时会发生非言语亲密性的回应。毋庸置疑,人们的激发水准强烈地受到周围他人的非言语行为的影响,尤其是人际距离和凝视的行为。然而,阿盖尔和迪安的理论未能充分考虑激发水准的变化对非言语行为的作用。帕特森认为,个人在互动中所感受到的激发状态变化是决定个人对行为反应的中介者。

根据帕特森的模型,在 A 与 B 的互动中, A 的行为所反映的亲密性变化会导致 B 的激发水准改变, B 将此激发水准的变化评定为愉快或不愉快是关键。如果激发状态的变化被评定为愉快,则 B 会回应 A 所表达的亲密性,维持或增强愉快的激发水准。反之,则 B 会反向抵消 A 的行为,例如改变与 A 的距离,以调整亲密水准至令人满意为止。这个模型从直觉上可以接受,而且与人们的生活经验相吻合,遗憾的是尚缺乏实验研究的广泛支持。

（三）刺激模式理论

刺激模式理论是戴西于 1972 年提出来的。该理论认为在城市生活环境中,由于刺激量(物理性刺激和社会性刺激)超过了人们所能承受的水平,从而迫使人们通过对空间的大量控制、调整,来保证具有舒适的感觉水平。例如,当外界的刺激过量时,人们可通过个人空间的功能,调整感觉信息的输入,排除过量刺激。由前述可知,非适宜的刺激强度可能会诱发过分的感情亲密或者阻止所需的亲密感情,因此,为了保持心理的舒适与平衡,必须保证具有适度的刺激强度,而适度的刺激是以调整、控制空间行为来实现的。这样,个人空间对于保持个体心理舒适感就具有重要意义。

显然,刺激模式理论阐明了个人空间行为在现代城市生活环境中的重要作用,说明了研究个体空间行为的重要性,从新的角度提出了研究城市生活环境的新观点。但是,该理论尚处于假设阶段,停留在解释现象的水平上,缺乏实验研究加以证实,因而仍有待于研究者今后进行更进一步的探讨和研究。

二、个人空间的测试

个人空间的测试可以分为三种,它们是模拟法、实验室研究和现场研究。

(一)模拟法

模拟法在个人空间研究中一直是最受欢迎的,有文献记载的研究几乎有一半以上采用此方法。模拟法中,研究人员将代表人的图像和符号给被试,被试的工作就是根据自己的记忆重新构成自己与别人的距离,将这些图像或符号重新排列起来。实验中通常采用一些用纸、毛毡切割而成的图形代表人,然后把这些图形再贴在一张纸上。近年来各个研究使用过不同的符号,如玩具娃娃、人的剪影、线条画和抽象符号。模拟法之所以受欢迎还在于它的简便和易操作。Knethe 在 1962 年首先使用了模拟法。他请被试根据与别人的距离把毛毡人像粘在一块毡板上,他发现被试的粘贴绝不是随意的,这种粘贴表现出相当的一致和有组织。Knethe 认为这是人们用图形表达出来的亲近程度的心理表象。譬如在实验里,代表孩子的图形通常安排得离代表女性的图形近,而代表男性的图形被置于较远的地方。

虽然模拟法普遍采用,但有些学者怀疑这种方法的真实性,他们争辩说,这种方法是在测量客观的个人空间呢?还是在测量社会交往时人们之间的距离感呢? Gifford 曾以一个简单的实验发现,自我报告的距离要大于实际的人际距离约24%。也就是说在日常交往中,我们似乎相信我们与别人保持了较大的距离,而实际的人际距离要稍近一些。Love 和 Aiello 验证了实际的个人空间和人们的距离感之间的关系。他们首先测试客观的个人空间,几分钟以后,他们请被试尽其所能用三种模拟法把他们的个人空间复制出来。他们发现自然的、未经计划的个人空间确实与复制的个人空间有关,但不管如何,至少在理论上,模拟法是有缺陷的。

（二）实验室研究

在实验室研究里,请参加实验的人接近被试,通常要近到令人不舒服的距离,此时命令被试停下来或报告,然后测量两人的距离。这些实验是在人工场合而不是在日常环境中观察被试。以杨治良等人的工作为例,实验前他们请被试熟悉和了解指导语,实验时主试即从4米处的某方向(如正前方)向被试慢慢靠拢,直到被试叫停为止,这样此方向与陌生人接触的距离就得到了,这个实验测试了左前方、左方,左后方、后方,右后方、右方,右前方和正前方等8个方向与陌生人接触的空间距离。通过丈量得到8个数据,一个被试的实验即告结束。该实验说明,正前方的人际距离要比后方的大。

实验室研究的优点在于研究人员可以对实验条件施加控制,但其缺点是被试知道研究与空间有关的行为,有时会用欺骗的手段,所以将实验室研究的发现归纳应用到现实世界中去时,应该谨慎小心。Altman 报道的研究中约有1/3采用了实验室研究方法。

（三）现场研究

现场研究方法,就是在日常环境里实地考察人们的人际距离,如观察人们在教室、图书馆、游戏场和酒吧等环境中人与人之间的距离。在自然场合里的研究对被考察人而言没有任何限制,人们并不知道有人在观察他们。研究人员可以用高倍变焦照相机或摄像机拍摄正在游戏场中玩耍的孩子们,然后分析他们之间的距离。虽然现场研究方法使用得较少,是最后出现的研究途径,但它有着极大的前途。

第四节 个人空间的使用与侵犯

研究个人空间的目的,是为了有效地使用个人空间,避免个人空间受到侵犯并尊重、不侵犯他人的个人空间。要达到这个目的,就必须搞清楚人对空间的需求特性、空间使用中的文化差异以及对个人空间侵犯的后果等问题。

一、人类对空间的需求

众所周知,人类具有生物性、社会性和主体性三大特性,这些特性反映在人对空间的需求上,便是领域性、公共性和私密性。这里,我们着重阐述公共性和私密性两大特性。

（一）人对空间需求的公共性

个体对空间需求的公共性表示人们具有对公共活动、互相交往以及共同使用空间的需求特性。环境心理学家把符合人对空间需求的公共性的空间称为社会向心空间,指倾向于使许多人聚集在一起,促使人们相互交往,寻求丰富的环境刺激的空间,如休息室、咖啡厅、广场等。人类对空间需求的公共性主要体现在人际交往上,通过人际交往,个体之间不但进行了信息、思想和情感沟通,而且满足了个人的心理需要。

大量的调查研究已经证明,公共活动对个体的身心健康有着很大的影响。兰茨的研究表明,精神病症状与儿童时代有无共同活动的朋友以及朋友数量之间有一定的关系,朋友的数量越多,则患精神病的可能性越小（见表8-1）。这说明公共性需求的满足有助于增进儿童的身心健康。

表 8-1　精神病症状与幼儿交友情况关系表

精神病症状	患病比例 /%		
	5 个以上的朋友	2 个朋友	无朋友
正常	39.5	7.2	0
轻度精神性神经病	22.0	16.4	5.0
严重精神性神经病	27.0	54.6	47.5
精神病	0.8	13.1	37.5
其他	10.7	8.7	10.0

由于个人空间强调个人身体周围的区域，以及由此带来的心理体验，这样非角色交往在这里就占有重要的地位了。人们在非角色交往场所彼此接触、互通信息、融洽相处，这在现代城市生活中显得非常重要，并且是角色交往所无法替代的。非角色交往会涉及到建筑空间的有效使用。弗里德曼认为建筑空间为个体提供了不同的社会生活情境，人们对交往的要求不同，决定了他们使用共同空间的方式不同，因此建筑设计应考虑个体对空间的心理需求特征，设计一些大家都能看到和共同使用的共享空间，使更多的人能在这个共享空间中活动，以获得社会感和安全感。然而，共享空间的形成与空间的形式密切相关。我国研究者毛晓冰通过对空间封闭性与人际交往之间关系的研究，认为空间封闭性越强，则共享空间越易形成；反之，则共享空间越不易形成。这说明共享空间能够促进人们彼此之间的人际交往，并且这种交往大多属于非角色交往。

然而，在现代城市的物质空间中，人们或被"抛"在一起，或是成群地被钢筋水泥结构隔开，人们彼此缺少交往，缺乏友谊，这根本无法满足人们对空间的公共性需求。同样，在人工环境中也很难满足人们对空间的公共性需求，千篇一律的中药铺式的住宅设计并没有考虑各年龄群体的特点与差异，以及在行为上和使用空间的范围、时间上的差异,表现为住宅设计中提供人们共同活动的空间十分缺乏,这样必然影响人们的身心健康。因此,重要的问题是建筑设计和房屋内的陈设要与其功能相适应,不但使空间有不同的变化,而且能提供共享空间,以满足人们公共性的需求。

(二)人对空间需求的私密性

在现实生活中,人们一方面常常对人际交往、沟通予以极大的关注,希望建立友谊,获得信息,另一方面对一定程度的自我封闭表现出需求倾向,要求自我隐匿、有所保留,这说明人类的交往活动是公共性与私密性的矛盾统一。究竟什么是私密性呢?奥尔特曼认为,私密性是有选择地控制他人接近自我或其他群体的方式。这个定义代表了西方环境心理学界的基本看法。我们认为,私密性是指个人或人群控制自身与他人在什么时候、以什么方式、在什么程度上与他人交换信息的需要,即个人或人群有控制自身与他人交换信息的质与量的需求。环境心理学家把符合人对空间需求的私密性的空间称为社会离心空间,即倾向于使人们互相分开,极少或不进行互相交往的空间,如图书馆、办公室等。根据威斯汀的研究,可以把私密性划分为几种基本形态:独居、亲密、匿名和保留等。

独居是指一个人独处时不愿受到他人干扰的实际行为状态,表现为自我独处,自我孤立,与他人隔离和避免被人观察,怕受人干扰等。

亲密是指几个人亲密相处时不愿受到他人干扰的实际行为状态,表现为小群体内彼此之间保持相互亲近,不愿受他人影响。

匿名是指个体在人群中不求闻达、隐姓埋名的倾向,表现为有所保留,绝不和盘托出,并要求周围的人与之合作。

保留是指个体具有对于自己的某些事实加以隐瞒或有所保留的倾向。

私密性有多种功能。它可使人具有个人感,按照自己的想法支配自己的环境,在没有他人在场的情境中充分表达自己的感情,也可使人在进行自我评价时,隔绝外界的干扰作用,还具有控制、选择与他人交流信息的自由,在某种情境中选择独处或共处。因此,私密性可以帮助人们调整互动,以维持秩序且避免与他人冲突。具体来说,人类的私密性具有以下四种功能。

第一,完整,即使个体具有个人感,以维护个人行为自由,使个体按照自己的意愿支配自己的环境。

第二,自泄,即能够孤独地进行自我表现,独自充分表达自己的情感,放松自己的情绪。

第三,内省,即进行自我思考、自我设计、自我评价。

第四,隔离,即隔绝外界的干扰,控制交流,同时在必要时还可保持与其他人的接触。

研究表明,私密性的四种基本形态与四种功能之间存在着对应关系(表8-2),这有力地说明了人类对空间的私密性需求。为了维护个人行为的完全自由,需要匿名;为了能自我表现和自我放松,需要亲密;为了自我反省,闭门独思,需要独居;为了避免干扰,限制沟通,需要有所保留。反过来,如果实现了独居、亲密、匿名、保留,即私密性四种形态,同样可以反映出完整、自泄、内省和隔离的功能。

表8-2　私密性的形态与功能的对应关系

功能形态	独居	亲密	匿名	保留
完整			·	
自泄		·		
内省	·			
隔离				·

但是,值得我们注意的是,个人空间需求的公共性与私密性并不是问题的两个极端,很多建筑设计中存在着公共性与私密性的问题,如餐厅、办公室。中国传统民居的设计则全面体现了公共性与私密性的矛盾统一,如我国山西太谷曹家院三多堂。

此外,许多因素都会影响人们对私密性的知觉,如年龄、性别、文化背景、成长中有关私密性的经验以及对私密性的预期。

二、空间使用的文化差异

从个人空间概念的由来,我们已经初步获悉了个人空间存在着文化背景的差异。确实,由于文化背景的不同,人们生活在不同的感觉世界里,使用的是不同的感觉模式,在个人空间的使用上也是如此。霍尔认为,行为方式直接与文化相联系,空间行为也只能在与文化的联系中才能反映出来,不存在脱离文化的个人空间行为。他通过研究后提出了隐蔽的文化背景问题,这种文化背景决定了人们的特定的个人空间行为。

对德国人来说,他们运用空间的方式是把属于自己的个人空间视为自尊的一种延伸,人与人之间的界限意识十分强烈。他们几乎在任何场合都需要保持他们的"隐私区域"。他们在办公时喜欢把门关紧,关门并不意味着他们想要独处,不受干扰或者做不想让别人看到的事。他们认为敞开大门是草率和紊乱的,而关门则可以维持房间的完整,并提供一条人与人之间的防卫界线。德国人认为看到他人就已经表明侵犯他人了,对他们来说,未经允许不得进入他人区域,不论你站在多远,都不应朝他人看。可见,德国人极其重视视觉侵犯。

对美国人来说,他们认为空间完全可以共享,因此,在办公时喜欢把门打开,他们人与人之间的界限并不十分强烈。但美国人十分重视听觉侵犯,他们把听到别人的谈话视为耻辱,彼此之间都会有一种默认的无形界限,谈话时降低声音。如果你想和一个屋内的人说话,且又是十分随便的谈话,那么你可以打开门站在门槛上说话,这样和站在门外说话一样,并没有侵犯他人空间领域的嫌疑。对于美国人,想要独处时可进入一个房间并关上房门,即将建筑物作为满足这种需求的外部条件。当他们不愿和同屋的其他人讲话时,保持沉默就意味着拒绝。此外,在邻里交往上,美国人认为邻里彼此之间应当交往,应当互相拜访,有需要时可以借邻居的东西,这样做不是侵犯他人的个人空间。

对英国人来说,他们使用空间的特点是表现"绅士"风度。即使在拒绝与他人的交往时,也是彬彬有礼,依靠自己内心的自我保护。他们之间的人际关系状态并不受空间形式的影响和支配,而是完全取决于社会地位。

对日本人来说,空间的含义便是"间",空间的使用就是如何分隔空间。日本人强调集中的模式,这种模式不仅体现在不同的空间布置上,并且也体现在他们的谈话上。他们偏爱拥挤,觉得挤在地板上睡觉是天生的,有利于形成群体观念。他们把私人领域理解为自己的房子和住宅,对于任何人的侵入都会表示反感,但同时他们又很喜欢和其他人挤在小小的空间里,其大多数办公室的设计就体现了这一空间使用特色。

对阿拉伯人来说,个人空间使用中嗅觉占据了重要地位,他们视闻到对方的气味,接触对方的身体为礼貌;同时空间使用中视觉也不甘落后,在交谈中眼睛必须看着对方,否则是不礼貌行为。因而他们无法做到肩并肩地散步、聊天,每当讲话时,总是不自觉地站在别人前面,看着别人谈话。此外,就阿拉伯人而言,没有什么私密性可言,公共就意味着共同享有,这是任何人都应享有的权利。

可见,不同的文化背景决定了人们使用空间的方式有所差异。生活在不同文化背景中的个体,事实上就是生活在不同的感觉世界里,表现在个体的行为模式上也截然不同。在人与人的交往中,由于交往双方来自不同的文化环境,因而当他们解释对方的行为时,无不打上自己所属文化的烙印,这样不自觉地会曲解彼此的情绪反应,导致人际障碍。例如,一个德国人和一个美国人谈话时德国人会把房门关上,以保护自己的"隐私区域"和表示郑重其事之意;而美国人则把门打开,认为空间可以共享,而把门关紧有种神秘的气氛。这样,他们之间的谈话不断在关门和开门之间进行,始终找不到一个合适的谈话空间。因此,有效地使用空间,就意味着尊重不同的文化,尊重个体因不同的环境伴随而来的不同行为模式、人格特征。

三、个人空间的侵犯

前面我们已提及了侵犯个人空间产生的结果,如不愉快和压力。这里我们将详细讨论人们对侵犯自己个人空间是如何做出反应的,以及侵犯者又如何反应。

人们也许有这样的经验,在图书馆坐着看书时,忽然有一个陌生人走到你身边坐了下来,这时你有什么感受呢?会产生什么反应呢?首先对这类侵犯的效应进行研究的是费利帕和萨默。在精神病院,一个实验助手走近一个病人,站在离病人 15 厘米处。结果,与那些没有受到侵犯的人相比,病人很快地离开了助手,这并不是病人的不正常情绪的结果,因为在一般人身上也发现有同样的反应。巴拉什根据研究认为,个人空间的侵入会使人们放弃原来的地方,逃往他处。康内尼等人让助手接近等待穿过一条繁忙的马路的人,侵犯者(助手)站在离被试 30 厘米、60 厘米、150 厘米或 300 厘米处。结果发现,助手离被试越近,被试越迅速地穿过马路。为了弄清被侵犯者在这种情况下有什么感受,史密斯和诺尔斯重复了上述研究,但让第二名助手在被试越过马路后与他交谈。诚如预计的那样,被试把侵犯者知觉为不友好、粗鲁、仇视和侵犯性的。显然,个人空间受到侵犯的人以消极的方式知觉侵犯者,使得自己的激发水准升高,表现为手掌流汗、皮肤电阻改变,以及行为、姿态和脸部表情的变化。此外,具有消极特征的侵犯者甚至会导致被侵犯者更快的逃避行为。

对空间侵犯的最不寻常的研究是由米德尔米斯特、诺尔斯和马特开创的,其目的是探讨激发状态和个人空间侵入之间的关系。这是一个现场实验,在一个男厕所里进行,目的是要检验这样一个假设:侵犯了个人空间会引起被侵犯者生理上的激起。因为生理学家认为焦虑会延缓小便的排泄,缩短排空膀胱的时间,所以,研究者决定利用三个小便池发起侵犯行为。在三种实验条件下,被试只能使用最左边的小便池小便。在无侵犯的控制条件下,只有左边小便池可用,其他两个小便池被木板封闭,上面写着"不能使用"。在中等侵犯条件下,中间的小便池被封闭,实验助手使用右边的。在接近侵犯条件下,右边的小便池被封闭,助手使用中间的,挨着被试。每个被试的反应由另一个助手用秒表记录,侵犯个人空间的效应肯定了实验的假设。助手离被试距离越近,开始排尿所需时间越长,而完成排尿行动的时间越短。侵犯了个人空间明显地具有生理激起效应。虽然这个研究在伦理上受到人们的批评,许多心理学家认为侵犯他人的隐私权是不正当的,但它表明了对任何空间的侵犯行为都导致普遍的激起反应。一般地,个人空间受到侵犯会引起消极情感的产生,并使个体导致逃避行为。

（一）侵犯个人空间的积极效应

在前面的讨论中,我们提到较近的人际距离既能引发消极的效应,也能引发积极的效应,人们对于他人的侵犯行为所作出的反应依情境而定。例如,一个亲密朋友侵犯了你的个人空间,拍拍你的肩膀,或者恋人温柔地拥抱你,你会做出怎样的反应呢?显然,在这些场合,接近引出了非常积极的反应。

有人设计了这样一个实验:男性大学生的个人空间或者被男性实验者所侵犯,或者没有被侵犯。实验者站在距被试15厘米处或75厘米处。对于一半被试,这个实验者是友好的、尊敬被试的;对于另一半被试,实验者是不友好的、严厉的。然后,主试问被试对这个实验者的感想如何。可以想象,被试明显地喜欢友好的陌生实验者。然而,接近的侵犯加强了每一种反应。在15厘米处,与通常正规的距离(75厘米)相比,被试更为喜欢实验者或更不喜欢实验者。当一个陌生人请求他人帮助时,人们的反应取决于该人距自己有多远,距离表明了需要帮助的迫切程度。这说明,侵犯一个人的个人空间也可能是一种积极的体验。1987

年元旦，中央电视台播放了上海国际友好城市电视节目。在演出会场里，有一条醒目的红地毯从台上一直铺到观众席中，演员们沿着地毯走到观众席中，频频向观众致意，使晚会产生了一种亲切、和谐的气氛，收到良好的效果。这是侵犯个人空间引起积极效应的典型一例。

（二）侵犯个人空间的消极效应

迄今为止的讨论以及这个领域内的大部分研究，都集中于受侵犯的个体的反应。现在让我们来看看侵犯者侵犯了别人空间后的反应，一些研究者考察了这类情境。例如，贝尔富特、胡普尔和麦克莱让助手站在距饮用水喷泉 30 厘米、150 厘米和 300 厘米处，观察人们使用饮用水喷泉的情况。在距喷泉 30 厘米处时，口渴的欲望使过路人要侵犯助手的个人空间，在这个条件下，与距离为 150 厘米、300 厘米的情况相比，使用饮用水喷泉的人较少。有趣的是，侵入助手个人空间的人比无需侵犯他人个人空间的人花费更多的时间喝水。或许这些侵入助手个人空间的人特别口渴，另一个解释是，发生在作业情境中的空间侵入行为可能使人分心，因此会比一般情况下花费更多的时间。另一个研究发现，在原来就十分拥挤的地区中，喷泉四周的空间较容易被侵入，或许因为入侵者不注意其他人的线索，要不就是他们认为这种侵入不必大惊小怪。看来，如果有选择余地的话，人们往往避免侵犯其他人的空间。生活中常常会有这样的情况，从一个人身边走过要比从一个空座位旁走过离得更远一些，从一群人身边走过要比从单个人身边走过离得更远一些。

人们有一种倾向，不从正在交往的两个人之间穿过，而是绕道。除非这两个人相距较远，因为在这种情境下从两人之间穿过不会侵犯他们的个人空间。与穿越两个同性别的人之间相比，过路者更愿意穿越两个异性之间。如果两人中有一个具有较高的地位，那么与两个人具有较低地位相比，过路者更可能避免穿越。由此，我们发现，侵犯他人的空间可能就像自己的空间被他人侵犯一样是消极的。

总之,人们生活的环境周围始终存在着很多个人空间,对于个人空间的侵犯常常会引起消极情绪的产生,人们总是尽量设法避免侵犯他人的个人空间,但巧妙地侵犯他人的个人空间有时也会产生奇妙的效果。

第五节　个性、自我与环境设计表达

个性与自我对于人的行为有很大的影响,有时对人的行为是起决定性作用的。设计师的个性与自我对于设计作品的定位与风格有决定性的作用;受众的个性与自我对于环境空间的使用与设计方案的选择也有主导作用。

一、个性与环境设计

(一)个性的内涵

1.个性的含义

个性也可称为性格或人格。著名心理专家郝滨先生认为:"个性可界定为个体思想、情绪、价值观、信念、感知、行为与态度之总称,它确定了人如何审视自己以及周围的环境。它是不断进化和改变的,是人从降生开始,生活中所经历的一切总和。"简单地说,个性就是个体独有的并与其他个体区别开来的整体特性,即具有一定倾向性的、稳定的、本质的心理特征的总和,是一个人共性中所凸显出的一部分。

个性一词最初来源于拉丁语"Personal",开始是指演员所戴的面具,后来指演员———一个具有特殊性格的人。一般来说,个性就是个性心理的简称,在西方又称人格。它是指一个人独特的、稳定的和本质的心理倾向和心理特征的总和。简单地说,个性就是一个人的整体精神面貌。

个性在心理学中的解释是：一个区别于他人的，在不同环境中显现出来、相对稳定地影响人的外显和内隐行为模式的心理特征的总和。

心理学中的个性概念与日常生活中所讲的"个性"是不同的。日常生活中人们通常说一个特立独行的人："你真有个性！"此处的"个性"并不是指人格，它的含义更接近于心理学中的性格一词。

性格，心理学中也称为性情、个性、气质。在心理学中，指一个人内在的人格特质，如内向或外向。它通常是天生的，而不是后天学习得来的。

在日常的人际交往中，研究者会发现，有的人行为举止、音容笑貌令人难以忘怀；而有的人则很难给别人留下什么印象。有的人虽只见过一面，却给别人留下长久的回忆；而有的人尽管长期与别人相处，却从来不在人们的心目中掀起波澜。出现这种现象的原因就是个性在起作用。一般来说，鲜明的、独特的个性容易给人以深刻的印象，而平淡的个性则很难给人留下什么印象。

在日常生活中，人们对个性也容易产生一些误解，往往认为一个"倔强""要强""坦率""固执"的人很有个性，而"文雅""平和""斯文""柔弱"的人没有个性。这种看法是不对的，至少说是不全面的。"倔强""要强""坦率""固执"是一种人在其生活、实践中经常的、带有一定倾向性的个体心理特征，是一个人区别于其他人的精神面貌和心理特征。由于这种倾向的个性特征比较鲜明、独特，往往容易给人留下深刻的印象。而"文雅""平和""斯文""柔弱"也同样是一种性格。温和、希望与他人和睦相处的人带有倾向性的个体心理特征和区别于其他人的精神面貌或心理特征。只不过这种倾向性的个性特征比较平淡而不鲜明，往往不容易给人留下深刻的印象罢了。由此可见，不管是哪一种倾向性的个性特征，不管这种特征是鲜明的还是平淡的，它都表明了一种个性，心理特征人人都有，精神面貌人人不可缺少。

从这种意义上来说,世界上不存在没有个性的人。个性对于一个人的活动、生活具有直接的影响;对于一个人的命运、前途有直接的作用。

这些日常生活中所提到的"要强""固执""坦率"或"文雅""平和""柔弱"等实际上是心理学中个性心理特征之一的性格,而不是个性的全部内容。

2. 个性的结构

个性其实是一个结构或者说是一个系统。探讨个性的结构,目的在于找出个性的各种特征和表现,揭示出个性的本质特点。个性的结构分为狭义和广义两种。

狭义结构的成分包括个体倾向性和个性心理特征。

从广义方面来讲,除了上述两种比较稳定的带有一贯性的狭义的结构成分外,还应包括心理过程(如认知、情感、意志等过程)和心理状态。心理状态包括表现在情感方面的激情和心境、注意力方面的集中和分散、意志中的信心和缺乏信心等。广义的个性结构实际是指人的整个心理结构,把个性和人作为同一语言理解。

从广义上的构成方式来讲,个性其实是一个系统,由以下三个子系统组成。

一是个性倾向性。个性倾向性指人对社会环境的态度和行为的积极特征,包括需要、动机、兴趣、理想、信念、世界观等。个性决定着人对现实的态度,决定着人对认识活动的对象的趋向和选择。个性倾向性是个性系统的动力结构,较少受生理、遗传等先天因素的影响,主要是在后天的培养和社会化过程中形成的。个性倾向性中的各个成分并非孤立存在的,而是互相联系、互相影响和互相制约的。其中,需要又是个性倾向性乃至整个个性积极性的源泉,只有在需要的推动下,个性才能形成和发展。动机、兴趣和信念等都是需要的表现形式。而世界观处于最高指导地位,它指引着和制约着人的思想倾向和整个心理面貌,它是人的言行的总动力和总动机。由此可见,个性倾向性是以人的需要为基础、以世界观为指导的动力系统。

二是个性心理特征。个性心理特征是人的多种心理特点的一种独特结合,包括完成某种活动的潜在可能性的特征,即能力;心理活动的动力特征,即气质;对现实环境和完成活动的态度上的特征,即性格。个性心理特征是个性系统的特征结构。

三是自我意识。自我意识是指自己对所有属于自己身心状况的意识,包括自我认识、自我体验、自我监控等方面,如自尊心、自信心等。自我意识是个性系统的自动调节结构,而心理过程是个性产生的基础。

3.个性的特征

一般而言,个性具有下列特性。

(1)个性的倾向性

个体在形成个性的过程中,时时处处都表现出每个个体对外界事物的特有动机、愿望、定式和亲和力,从而发展为各自的态度体系和内心环境,形成了个人对人、对事、对自己的独特的行为方式和个性倾向。

(2)个性的复杂性

个性是由多种心理现象构成的,这些心理现象有些是显而易见的,别人看得清楚,自己也觉察得很明显,如热情、健谈、直爽、脾气急躁等;有些非但别人看不清楚,就连自己也感到模模糊糊。

(3)个性的独特性

每个人的个性都具有自己的独特性,即使是同卵双生子甚至连体婴儿长大成人,也同样具有自己个性的独特性。

(4)个体的积极性

个性是一个动力倾向系统的结构,不是被客观环境任意摆布的消极个体。个性具有积极性、能动性,并统率全部心理活动去改造客观世界和主观世界。

(5)个性的稳定性

从表现上看,人的个性一旦形成,就具有相对的稳定性。

（6）个性的完整性

个性是一个完整的统一体。一个人的各种个性倾向、心理过程和个性心理特征都是在其标准比较一致的基础上有机地结合在一起的，绝不是偶然性地随机凑合。人是作为整体来认识并改造世界的。

（7）个性的发展性

婴儿出生后并没有形成自己的个性，随着其成长，心理不断丰富、发展、完善，逐渐形成自己的个性。从形式上讲，个性不是预成的，而是心理发展的产物。

（8）个性的社会性

个性是有一定社会地位和起一定社会作用的有意识的个体。个性是社会关系的客体，同时它又是一定社会关系的主体。个性是一个处于一定社会关系中的活生生的人和这个人所具有的意识。个性的社会性是个性的最本质特征。

从个性的发展性与个性的社会性来看，个性的形成一方面有赖于个人的心理发展水平，另一方面有赖于个人所处的一定的社会关系。研究人的个性问题，必须以马克思主义关于人的本质的学说为基础和出发点。马克思曾经指出："人的本质并不是单个人所固有的抽象物，实际上，它是一切社会关系的总和。"因此，只有在实践中，在人与人之间的交往中，考察社会因素对人的个性形成的决定作用，才能科学地理解个性。

研究个性，就是研究人，就是研究人生。个性理论就是关于人的理论，就是关于人生的理论。人人都有个性，人人的个性都各不相同。正是这些具有千差万别个性的人，组成了生动活泼、丰富多彩的大千世界和各种各样、既相互联系又相互制约的人类群体，推动着历史的前进和时代的变迁。

4. 关于个性的理论

由于个性结构较为复杂，因此，许多心理学者从自己研究的角度提出个性的定义，美国心理学家奥尔波特曾综述过50多个不同的定义。如美国心理学家伍德·威尔斯认为："人格是个体行为的全部品质。"美国人格心理学家卡特尔认为："人格是一种倾向,可借以预测一个人在给定的环境中的所作所为,它是与个体的外显与内隐行为联系在一起的。"苏联心理学家彼得罗夫斯基认为："在心理学中个性就是指个体在对象活动和相交往活动中获得的,并表明在个体中表现社会关系水平和性质的系统的社会品质。"

近年来,西方心理学界的个性心理研究,从其内容和形式分类方面来看,主要分为以下五种。

第一,列举个人特征的定义,认为个性是个人品格的各个方面,如智慧、气质、技能和德行。

第二,强调个性总体性的定义,认为个性可以解释为"一个特殊个体对其所作所为的总和"。

第三,强调对社会适应、保持平衡的定义,认为个性是"个体与环境发生关系时身心属性的紧急综合"。

第四,强调个人独特性的定义,认为个性是"个人所以有别于他人的行为"。

第五,对个人行为系列的整个机能的定义,这个定义是由美国著名的个性心理学家奥尔波特提出来的,认为"个性是决定人的独特的行为和思想的个人内部的身心系统的动力组织"。

目前,西方心理学界一般认为奥尔波特的个性定义比较全面地概括了个性研究的各个方面。首先,他把个性作为身心倾向、特性和反应的统一;其次,提出了个性不是固定不变的,而是不断变化和发展的;最后,强调了个性不单纯是行为和理想,而且是制约着各种活动倾向的动力系统。

苏联心理学家一般是从人的精神面貌方面给个性下定义的。从这方面理解个性的心理学家又有两种情况:一部分心理学家把个性理解为具有一定倾向性的各种心理品质的总和。目前我国的一些心理学教材也持这种观点。另一部分心理学家只从心理的差异性方面把个性心理特征理解为个性。应该说,前一种看法是比较恰当的。他们认为人的能力、气质和性格等个性特征并不孤立存在,而是在需要、动机、兴趣、信念和世界观等个性倾向的制约下构成的整体。而后一种看法过于狭窄,没有看到个性倾向在个性中的作用,缺乏对个性各个特征作为有机整体看待,它显然没有揭示出个性的实质。

由于个性的复杂性,我国心理学界对个性的概念和定义尚未有一致的看法。我国第一部大型心理学词典——《心理学大词典》中的个性定义反映了多数学者的看法,即"个性,也可称人格。指一个人的整个精神面貌,即具有一定倾向性的心理特征的总和。个性结构是多层次、多侧面的,由复杂的心理特征的独特结合构成的整体。这些层次有:第一,完成某种活动的潜在可能性的特征,即能力。第二,心理活动的动力特征,即气质。第三,完成活动任务的态度和行为方式的特征,即性格。第四,活动倾向方面的特征,如动机、兴趣、理想、信念等。这些特征不是孤立存在的,是有机结合的一个整体,对人的行为进行调节和控制的"。

也有少数学者提出将"个性"和"人格"加以区别,认为个性即个体性,指人格的独特性;人格是一个复杂的内在组织,它包括人的思想、态度、兴趣、气质、潜能、人生哲学以及体格和生理等特点。两者并不是完全相同的,只是互相交错在一起,共同影响着人的行为,人格的形成更多的是由教育决定的。

综上所述,尽管心理学家对个性的概念和定义所表达的看法不尽相同,但其基本精神还是比较一致的:"个性"内涵非常广阔丰富,是人们的心理倾向、心理过程、心理特征以及心理状态等综合形成的系统心理结构。

现代心理学一般认为,个性就是个体在物质活动和交往活动中形成的具有社会意义的稳定的心理特征系统。

（二）针对个性的环境设计策略

1.气质与环境设计策略

盖伦最先提出了气质这一概念,用气质代替了希波克拉底的体液理论中的人格,形成了四种气质学说,此分类方式一直在心理学中沿用至今。

气质是表现在心理活动的强度、速度、灵活性与指向性等方面的一种稳定的心理特征。人的气质差异是先天形成的,受神经系统活动过程的特性所制约。孩子刚一出生时,最先表现出来的差异就是气质差异,有的孩子爱哭好动,有的孩子平和安静。

气质给人们的言行涂上某种色彩,但不能决定人的社会价值,也不直接具有社会道德评价含义。气质不能决定一个人的成就,任何气质的人只要经过自己的努力都可能在不同实践领域中取得成就,也可能成为平庸无为的人。

气质是人的个性心理特征之一,它是指在人的认识、情感、言语、行动、心理活动发生时力量的强弱、变化的快慢和均衡程度等稳定的动力特征。主要表现在情绪体验的快慢、强弱、表现的隐显以及动作的灵敏或迟钝方面,因而它为人的全部心理活动表现染上了一层浓厚的色彩。人的气质可分为四种类型:多血质(活泼型)、黏液质(安静型)、胆汁质(兴奋型)、抑郁质(抑制型)。

(1)多血质

灵活性高,易于适应环境变化,善于交际,在工作、学习中精力充沛而且效率高;对什么都感兴趣,但情感兴趣易于变化;有些投机取巧,易骄傲,受不了一成不变的生活。代表人物:韦小宝、孙悟空、王熙凤。

(2)黏液质

反应比较缓慢,坚持而稳健的辛勤工作;动作缓慢而沉着,能克制冲动,严格恪守既定的工作制度和生活秩序;情绪不易激动,也不易流露感情;自制力强,不爱暴露自己的才能;固定性有余而灵活性不足。代表人物:鲁迅、薛宝钗。

(3)胆汁质

情绪易激动,反应迅速,行动敏捷,暴躁而有力;性急,有一种强烈而迅速燃烧的热情,不能自制;在克服困难上有坚忍不拔的劲头,但不善于考虑能否做到,工作有明显的周期性,能以极大的热情投身于事业,也准备克服且正在克服通向目标的重重困难和障碍,但当精力消耗殆尽时,便失去信心,情绪顿时转为沮丧而一事无成。代表人物:张飞、李逵、晴雯。

（4）抑郁质

高度的情绪易感性,主观上把很弱的刺激当作强作用来感受,常为微不足道的原因而动感情,且有力持久;行动表现上迟缓,有些孤僻;遇到困难时优柔寡断,面临危险时极度恐惧。代表人物:林黛玉。

气质学说用体液解释气质类型虽然缺乏科学根据,但人们在日常生活中确实能观察到这四种气质类型的典型代表。比如:活泼、好动、敏感、反应迅速、喜欢与人交往、注意力容易转移、兴趣容易变换等,是多血质的特征;直率、热情、精力旺盛、情绪易于冲动、心境变换剧烈等,是胆汁质的特征;安静、稳重、反应缓慢、沉默寡言、情绪不易外露,注意稳定但又难于转移,善于忍耐等,是黏液质的特征;孤僻、行动迟缓、体验深刻、善于觉察别人不易觉察到的细小事物等,是抑郁质的特征。因此,这四种气质类型的名称被许多学者所采纳,并一直沿用到今天。

人的气质类型可以通过一些方法加以测定。但属于某一种类型的人很少,多数人是介于各类型之间的中间类型,即混合型,如胆汁—多血质、多血—黏液质等。

现代心理学把气质理解为人典型的、稳定的心理特点,这些心理特点以同样方式表现在各种各样活动中的心理活动的动力上,而且不以活动的内容、目的和动机为转移。

气质是人典型的、稳定的心理特点。这种典型的心理特点很早就表露在儿童的游戏、作业和交际活动中。据斯特拉霍夫的研究,在39名作为研究对象的小受众中,有34名明显地表现出所述的气质类型。其中多血质的有9名,胆汁质的有10名,黏液质的有9名,抑郁质的有6名。

气质类型的很早表露,说明气质较多地受个体生物组织的制约;也正因为如此,气质在环境和教育的影响下虽然也有所改变,但与其他个性心理特征相比,变化要缓慢得多,具有稳定性的特点。气质主要表现为人的心理活动的动力方面的特点。所谓心理活动的动力是指心理过程的速度和稳定性(例如知觉的速度、思维的灵活程度、注意集中时间的长短)、心理过程的强度(例如情绪的强弱、意志努力的程度)以及心理活动的指向性特点(有的人倾向于外部事物,从外界获得新印象;有的人倾向于内部,经常体验自己的情绪,分析自己的思想和印象),等等。气质仿佛使一个人的整个心理活动表现都涂上个人独特的色彩。

当然,心理活动的动力并非完全决定于气质特性,它也与活动的内容、目的和动机有关。任何人,无论有什么样的气质,遇到愉快的事情总会精神振奋,情绪高涨,干劲倍增;反之,遇到不幸的事情会精神不振、情绪低落。但是人的气质特征则对目的、内容不同的活动都会表现出一定的影响。换句话说,有着某种类型的气质的人,常在内容全然不同的活动中显示出同样性质的动力特点。例如,一个受众每逢考试时表现出情绪激动,等待与友人的会面时会坐立不安,参加体育比赛前也总是沉不住气,等等。也就是说,这个受众的情绪易于激动,会在各种场合表现出来,具有相当固定的性质。只有在这种情况下才能说,情绪易于激动是这个受众的气质特征。人的气质对行为、实践活动的进行及其效率有着一定的影响,因此,了解人的气质对于教育工作、组织生产、培训干部职工、选拔人才、社会分工等方面都具有重要的意义。

2. 性格与环境设计策略

性格是指表现在人对现实的态度和相应的行为方式中的比较稳定的、具有核心意义的个性心理特征,是一种与社会相关最密切的人格特征,在性格中包含有许多社会道德含义。性格表现了人们对现实和周围世界的态度,并表现在他的行为举止中。性格主要体现在对自己、对别人、对事物的态度所采取的言行上。心理学家以个人对社会的适应性为主要参考系把人的性格分为五类:摩擦型、平常型、平稳型、领导型和逃避型。摩擦型性格的人表现为性格外露,人际关系紧张,处理问题欠妥,容易造成摩擦。平常型性格的人的态度、情感、意志、理智均表现为一般,平平常常,没有特殊的表现。平稳型性格的人对环境有较好的适应性,但往往是被动地适应,善结人缘,人际关系好。领导型性格的人,对社会的适应性好,而且能主动适应社会环境。逃避型性格的人表现为性格内向,不善交际,与世无争。

心理学家曾经以各自的标准和原则,对性格类型进行了分类,下面是几种有代表性的观点。

从心理机能上划分,性格可分为理智型、情感型和意志型。

从心理活动倾向性上划分,性格可分为内倾型和外倾型。

从个体独立性上划分,性格可分为独立型、顺从型、反抗型。

斯普兰格根据人们不同的价值观,把人的性格分为理论型、经济型、权力型、社会型、审美型、宗教型。

海伦·帕玛根据人们不同的核心价值观和注意力焦点及行为习惯,把人的性格分为九种。这种分类法又称为"九型性格"。它们分别是:完美型、助人型、成就型、艺术型、理智型、疑惑型、活跃型、领袖型、和平型。

按人的行为方式,即人的言行和情感的表现方式可分为 A 型性格、B 型性格、C 型性格和 D 型性格。

总之,性格的分类法有很多种,而不同性格的人在心理活动和行为规律方面都存在着一些共性的差异。在环境设计领域,不同性格的受众对环境场所的要求也是不同的。因此,在环境设计过程中充分地研究受众的性格类型,并对不同类型的受众提出有针对性的设计措施是非常有必要的。

3. 能力与环境设计策略

能力是人类完成一项目标或者任务所体现出来的素质。人们在完成活动的过程中表现出来的能力是有所不同的。能力总是和人完成一定的实践相联系在一起的。离开了具体实践既不能表现人的能力,也不能发展人的能力。

人的能力有很多种,普通人一般都具有的能力包括以下几种。

(1)一般能力与特殊能力

这是以能力所表现的活动领域的不同来划分的。

一般能力是指在进行各种活动中必须具备的基本能力。它保证人们有效地认识世界,也称智力。智力包括个体在认识活动中所必须具备的各种能力,如感知能力(观察力)、记忆力、想象力、思维能力、注意力等,其中抽象思维能力是核心,因为抽象思维能力支配着智力的诸多因素,并制约着能力发展的水平。

特殊能力又称专门能力,是顺利完成某种专门活动所必备的能力,如音乐能力、绘画能力、数学能力、运动能力等。各种特殊能力都有自己的独特结构。如音乐能力就是由四种基本要素构成:音乐的感知能力、音乐的记忆和想象能力、音乐的情感能力、音乐的动作能力。这些要素的不同结合,构成了不同音乐家的独特的音乐能力。

一般能力和特殊能力相互关联。一方面,一般能力在某种特殊活动领域得到特别发展时,就可能成为特殊能力的重要组成部分。例如人的一般听觉能力既存在于音乐能力之中,也存在于言语能力中。没有听觉的一般能力的发展,就不可能发展言语和音乐的听觉能力;另一方面,在特殊能力发展的同时,也发展了一般能力。观察力属一般能力,但在画家的身上,由于绘画能力的特殊发展,对事物一般的观察力也相应增强起来。人在完成某种活动时,常需要一般能力和特殊能力的共同参与。总之,一般能力的发展为特殊能力的发展提供了更好的内部条件,特殊能力的发展也会积极地促进一般能力的发展。

(2)再造能力和创造能力

这是按活动中能力的创造性的大小进行划分的。

再造能力是指在活动中顺利地掌握前人所积累的知识、技能,并按现成的模式进行活动的能力。这种能力有利于学习活动的要求。人们在学习活动中的认知、记忆、操作与熟练能力多属于再造能力。创造能力是指在活动中创造出独特的、新颖的、有社会价值的环境场所的能力。它具有独特性、变通性、流畅性的特点。

再造能力和创造能力是互相联系的。再造能力是创造能力的基础,任何创造活动都不可能凭空产生。因此,为了发展创造能力,首先就应虚心地学习、模仿、再造。在实际活动中,这两种能力是相互渗透的。

（3）认知能力和元认知能力

这是按活动的认知对象的维度划分的。

认知能力是指个体接受信息、加工信息和运用信息的能力,它表现在人对客观世界的认识活动之中。元认知能力是指个体对自己的认识过程进行的认知和控制能力,它表现为人对内心正在发生的认知活动的认识、体验和监控。认知能力活动对象是认知信息,而元认知能力活动对象是认知活动本身,它包括个人怎样评价自己的认知活动,怎样从已知的可能性中选择解决问题的确切方法,怎样集中注意力,怎样及时决定停止做一件困难的工作,怎样判断目标是否与自己的能力一致等。

4.兴趣爱好与环境设计策略

（1）兴趣的含义和特点

兴趣是指个人对特定的事物、活动以及人为对象所产生的带有倾向性、选择性的态度、情绪和想法。爱好是指一个人力求认识某种事物或从事某种活动的心理倾向。二者意思相近,但含义不同。

根据兴趣产生的方式,可以将兴趣分为直接兴趣和间接兴趣。直接兴趣是人对事物本身或活动过程本身感兴趣。间接兴趣是人对活动的结果感兴趣。直接兴趣的作用时间短暂,而间接兴趣的作用比较持久。

个人兴趣体现着一个人的性格特点,不同性格的人有着不同的兴趣。每个人都会对其感兴趣的事物给予优先注意和积极探索,并表现出心驰神往。例如,对美术感兴趣的人,会对各种油画、美展、摄影都认真观赏、评点,对好的作品进行收藏、模仿;对钱币感兴趣的人,会想尽办法对古今中外的各种钱币进行收集、珍藏以及研究;对音乐感兴趣的人,会感受到音乐的美,感受到音乐的灵魂,喜爱各种乐器;对轮滑感兴趣的人,喜欢各种花样玩法,感受其中的乐趣。

兴趣不只是对事物的表面关心,任何一种兴趣都是由于获得这方面的知识或参与这种活动而使人体验到情绪上的满足而产生的。例如,一个人对跳舞感兴趣,他就会主动地、积极寻找机会去参加,并且在跳舞时感到愉悦、放松,表现出积极而自觉自愿。

兴趣具有发展性。兴趣是和个人以及个人情感密切联系的。如果一个人对某项事物没有认识,也就不会产生情感,因而也就不会对它发生兴趣。相反,认识越深刻,情感越丰富,兴趣也就越深厚。例如,有的人对集邮很入迷,认为集邮既有收藏价值,又有观赏价值,既能丰富知识,又能陶冶情操,而且收藏得越多,越丰富,就越投入,越情感专注,越有兴趣,于是就会发展成为一种爱好;同时,兴趣还受一定的好奇心的驱使,当人对一个未知的事物产生了浓厚的好奇心后,也会产生兴趣。例如,探险和一些业余的考古发掘,是出于对历史事件的真实性的研究,促使人们产生兴趣。兴趣是爱好的前提,爱好是兴趣的发展和行动力,爱好不仅是对事物优先注意和向往的心情,而且表现出某种实际行动。例如,对绘画感兴趣,而且由喜欢观赏发展到自己动手学绘画,那么就对绘画有了爱好。

兴趣具有制约性。兴趣和爱好是受社会性所制约的。不同的环境、不同的阶级、不同的职业、不同的文化层次的人,兴趣和爱好都不一样。有的人兴趣和爱好的品位比较高,有的人的兴趣和爱好的品位比较低,兴趣和爱好品位的高低会直接影响和反映一个人的个性特征的优劣。例如,对公益活动感兴趣,乐于助人,对高雅的音乐、美术有兴趣和爱好,反映了一个人个性品质的高雅;反之,对占小便宜感兴趣,对低级、庸俗的文艺作品有兴趣和爱好,则表现了一个人个性品质的低级。

兴趣具有遗传性。父母的兴趣和爱好也会对孩子有直接的影响,做父母的积极培养和引导孩子养成好的兴趣和爱好至关重要。父母的表现直接影响着孩子的表现,在孩子的眼里,父母就是他们的榜样。

兴趣具有时代性。时代的变化对兴趣会产生直接影响。就年龄方面来说,少儿时期往往对图画、歌舞感兴趣;青年时期对文学、艺术感兴趣;成年时往往对某种职业、某种工作感兴趣。它反映了一个人随着年龄的增长、知识的积累,兴趣的中心在转移。就时代来讲,不同的时代、不同的物质和文化条件,也会对人的兴趣的变化产生很大的影响。但不管人的兴趣是什么,都是以需要为前提和基础的,人们需要什么也就会对什么产生兴趣。由于人们的需要包括生理需要和社会需要或物质需要和精神需要,因此人的兴趣也同样表现在这两个方面。人的生理需要或物质需要一般来说是暂时的,容易满足。例如,人对某一种食物、衣服感兴趣,吃饱了、穿暖了也就满足了。而人的社会需要或精神需要却是持久的、特定的、不断增久的。例如,人际交往、对文学和艺术的兴趣、对社会生活的参与则是长期的、终生的。兴趣是在需要的基础上产生的,也是在需要的基础上发展的。

兴趣受周遭环境的影响。周围人对自身的兴趣有着难以磨灭的影响,周围的风气会影响自身审美情趣,从而潜移默化地影响自身兴趣。

兴趣的发掘、培养将会影响到一个人今后的人生、事业、婚姻等个人的成长方面的发展。不一样的兴趣塑造不一样的性格,最后导致个人能力随兴趣的改变而发展。

（2）如何培养设计师的兴趣

首先,要善于发展人趣点,从人趣点着手。"人趣点"是指人在做事情过程中的兴趣所在。每一件事情只要认真去做,努力去发掘,必定能找到人趣点。学习也是一样,或许你对语文不感兴趣,但是你可能对其中的一篇文章特别喜欢。你可以从这篇文章入手,努力把它吃透弄明白,逐渐你就会发现与之相关联的文章以外的东西需要了解一下,如此顺藤摸瓜,就会学到很多东西。

其次,顺着入趣点,拓展自己的知识面。找到了学习的入趣点,你就会发现你以前所讨厌的东西其实很有意思,学习中不仅增加了兴趣,还学到了知识。不过这时候千万别半途而废,一定要主动对自己施加点压力,稍微强制自己继续深入探究。时间长了,你就会发现其实学习并不是一件痛苦的事。

最后,阶段性地加以总结。为了使自己学习的兴趣得到强化,持之以恒,阶段性地总结一下自己的成绩,会增强自己的学习欲望,使自己逐渐地变成一个勇于研究、富于创新的人。

（3）如何看待受众的兴趣

一个人对某一方面的兴趣重在对它的第一印象,印象好你就会对它产生好感与向往,你就会去不断地追求,花费更多的时间完善它,从中收获乐趣与成就感。慢慢地你就会爱上它,习惯它。例如,某些人喜爱数学,并不是他们天生就喜爱它,而是在不断地学习中收获乐趣,慢慢地产生好感。当然也不是所有的东西完全都靠第一印象,个人兴趣是可以改变的,需要一步一步地去改变与养成,从中收获乐趣。只有有了乐趣才会产生兴趣。

有人喜静有人喜动,一个人选择的个人兴趣,往往是体现其性格取向的。一般外向的人多以动为兴趣爱好或者是群体活动的兴趣爱好,而内向的人则多喜欢静的个人兴趣爱好。但是兴趣与性格是可以相互影响的,如果让一个内向的人尝试着去选择一些开放性的兴趣爱好,则会对其内向的性格产生影响,使其逐渐走向外向型性格,因此兴趣爱好不仅体现一个人的性格,在一定条件下还会影响人的性格。

（4）培养受众的场所使用兴趣的方法

第一,增加知识储备,培养兴趣的基础。知识是兴趣产生的基础条件,因而要培养某种兴趣,就应有某种知识的积累,如要培养写诗的兴趣,就应先接触一些诗歌作品,体验一下诗歌美的意境,了解一点写诗的基本技能,这样就可能诱发出诗歌习作的兴趣来。可以说,知识越丰富的人,兴趣越广泛;而知识贫乏的人,兴趣也是贫乏的。

　　第二,开展有趣的活动,培养直接兴趣。所谓直接兴趣就是人对事物或活动本身的外部特征发生的兴趣,是受众对新鲜的事物或内容在感官上产生的一种新异的刺激。这种刺激反应表现强烈但比较短暂。当讲授一堂新课时,受众会表现出极大的兴趣,而且也较容易激发学习热情;但上复习课时,受众的学习兴趣就大不如前,有的甚至随着教学的深入、难度的增加,导致失去兴趣。直接兴趣是对活动本身感兴趣,因而要培养这种直接兴趣,应使活动本身丰富而有趣。例如,有趣的游戏活动,能引起幼儿参与群体活动,体验社会角色的兴趣;新颖的教学内容和有趣的教学方法,能激起受众学习知识的兴趣;生动的课外实践活动,能培养受众学习实践操作、动手动脑、发明创造的兴趣;开展劳动竞赛、体育比赛、文体活动,能激发受众对劳动、学习、体育、文体活动等的热情与兴趣。

　　第三,明确目的意义,培养间接兴趣。所谓间接兴趣就是人对活动的结果及其重要意义有着明确认识之后所产生的兴趣。这种兴趣是由于认识到学习的意义和价值而引起了求学的状态,既有理智色彩,又与个人的指向密切相连。这就是直接兴趣和间接兴趣的最大区别。间接兴趣是对活动的结果或意义感兴趣,因而,要培养人们间接的稳定的兴趣,就应让人们明确活动的目的与意义。

　　需要指出的是,在直接兴趣与间接兴趣之间,设计师应当追求哪种兴趣呢? 毫无疑问是后者。在现实生活中,很多人并没有认识到兴趣的真正内涵。设计师一般只是发展了受众的直接兴趣,这种兴趣更多地考虑受众的本能,它们不需要花太多的功夫就能激发,依靠的是一些新异的刺激和事物本身的属性。从直接兴趣过渡到间接兴趣需要一个过程,这个过程是设计师施加影响的过程,同时也是受众通过反复甚至枯燥练习达到掌握技术,提高技能的过程。当受众利用这些知识去获得工作和娱乐的快感,并感受新的生活方式的无穷魅力之后,他就能对此类空间的意义产生认知,这种认知能使直接兴趣和间接兴趣发生迁移,受众的兴趣才能真正地建立起来。

兴趣的激发主要用于受众的直接兴趣,而兴趣的培养主要用于受众的间接兴趣。设计师往往重视受众的直接兴趣而忽略了受众的间接兴趣,这也导致受众兴趣并没有真正地建立起来。

第四,根据自身的兴趣特点,培养优良的兴趣品质。由于所有的人所处的环境、所受的教育及主体条件各不相同,所以受众的兴趣都带有个性特点,因而要根据自身条件进行兴趣爱好的自我培养。例如,有人兴趣广泛而不集中,就应加强中心兴趣的培养;有人兴趣单一而不广泛,就应加强兴趣广泛性的培养;有人兴趣短暂易变,就应加强兴趣稳定性的培养;有人兴趣消极被动,就应加强兴趣效能性的培养;有人兴趣在网络世界,容易沉迷,那么就要加强引导,同时又要注意培养这些年轻人的高尚的人格。

(三)设计师的个性特征与设计的关系

"人类所有的精神活动,最终都是指向自身的,那就是希望能够对自身了解得多一点,再多一点。"在环境设计过程中,设计师的个性心理活动对设计有巨大的影响。

在现代社会中,作为设计创作的主体,设计师的作用是不言自明的。他们是整个作品产生的源头,是整个作品的推动者与完成者。设计师提供的创意要出众,才能够在专业领域里产生自我价值,这就对设计师的个人素质提出了很高的要求。个人素质是职业素养、个人素养以及作品个性特征等的总称。对于设计师而言,个性是其作品区别于其他人作品的重要出处。研究心理机制对设计的影响,对于设计师学习设计,以及了解自己的创作思维,了解自己的个性有重要的作用。

设计师的行为模式也可以分为内向型和外向型。外向型设计师外向开朗,情绪兴奋富有朝气,易冲动但平息得也快。其与多血质、胆汁质类型的人类似,但其作品不适应市场发展,通常难以实现,作品也比较粗糙,缺乏细节。这类设计师善于做创新和解决问题方面的工作。内向型设计师更加沉稳,不易冲动,反应较慢但是对事情考虑周到,作品通常没有新意。

对于不同年龄段的设计师而言,个性对其影响冲击力会比较明显。年轻设计师普遍充满朝气,不受传统约束而创造出有创意的作品来,但由于群体个性给人以漂浮的感受,所以市场使用率并不高。而对于中年设计师则刚好相反,他们的作品能在技术上实现,但是创造力却受到限制。个性心理对作品的影响很大,并且影响别人对其作品的判断。

影响设计师个性发展的因素中既有先天的,又有后天的。归纳起来主要有以下几条:第一,可以从设计师的作品中感受设计师的思想,总结他的创作规律。第二,结合设计师的个人经历对其作品进行分析。第三,从设计师的生活背景、社会背景来看他设计的作品。

1. 生活经历对设计师个性的影响

赖特是近代享誉世界的建筑大师,他的作品以小型住宅设计居多,建筑设计思路也有明显的规律可循,这条规律与赖特的生活经历与个性发展有关。赖特最初学习的是土木工程专业,但是学业还没有完成就放弃了,他更喜欢学习建筑设计。其在建筑设计领域的内在天赋被沙利文看重,之后成为沙利文事务所的一名绘图员。在进行了大量绘图工作后,他被委任设计一些小住宅。由于这些小住宅设计,赖特渐渐为人所知。他接了许多私活,从而导致了沙利文与其分手。此后,赖特创办了自己的设计事务所。从一个侧面可以看出,赖特是一个对生活充满激情与追求的人,所以在建筑中,他能自创一派,即有机建筑学派。这一学派对当代建筑学界影响较大。他的理论强调受众在建筑中的自我感受,强调人与建筑、自然的完全融合。他的流水别墅充分地说明了这一点。流水别墅的建筑外观与树木融合穿插,远远望去,墙的材质像岩石一样,向外挑出的露台也像是群山的一部分。整个建筑隐身于山林之中,走近它有一种走入世外桃源的感觉。

西班牙建筑师安东尼·高迪,以充满幻想的瑰丽的建筑闻名于世。他的建筑创作充满了想象力,这也与他的生活经历密切相关。高迪出生在一个普通的造铜锅炉的工人家庭,家里有五个孩子,他是最小的一个男孩。高迪虽然从小就体弱多病,但他的想象力却极为丰富。他热爱自然,曾经因为观察一只蜗牛而忘记吃饭。这个天才建筑师的出生地是西班牙,那里是一个很浪漫的地方,工业不发达,但是手工业很成熟。高迪小时候曾在作坊里学做手工艺品,因为父亲的职业缘故而很熟悉铜、铸铁的特性,这些都为他日后的建筑生涯打下了坚实的基础。他的建筑仿佛是来自遥远的未来世界,又仿佛是童话世界、游戏世界,是那么的不真实,但又是那么打动人心,使受众根本无法用语言去形容所看到的情景。

2. 社会历史背景对设计师的影响

巴洛克风格是在意大利文艺复兴建筑基础上发展而来的一种建筑和装饰风格,其外形自由奔放,追求动态,喜好富丽的装饰和强烈的颜色,常用穿插的曲面和椭圆形空间。古典主义用它来称呼那些离经叛道的建筑风格,打破了之前建筑师对古罗马建筑理论学家维特鲁威的盲目崇拜。

设计师的心理在一定的社会背景下必然会产生相应的感受,进而有不一样的创作趋势。文化心理是影响各种风格产生的一大因素,而文化心理的产生涉及面就更加广泛。它包括了当时各种阶级特点以及社会背景的影响。古罗马和巴洛克的环境建筑风格表明,同一时代、同一政治背景下的许多设计风格往往有着惊人的相似之处。而这两种风格的转变过程是在人们深受维特鲁威影响后产生的。古罗马建筑都有着血腥与暴力的感受,它强调家庭和集中主义。所以在建筑中,大型斗兽场和大型建筑构件的使用更为广泛,但是其风格趋向于大气、规整,而这样的建筑给当时设计师创作余地较少,于是有设计师突破这种思考方式,创作出绮丽的巴洛克风格,它既有古罗马的大气磅礴,又有阴柔回转的气质。

古罗马时期,奥古斯都称帝,表彰功绩成了那一时期重要的活动,凯旋门功绩柱、广场、神庙等建筑物应运而生,这些建筑物无一不透露着帝王希望自己的丰功伟绩被人牢记的想法。

在历史的长河中,中世纪以哥特式建筑为代表,集中反映出那一时期整个建筑行业的社会心理状态。

中世纪的建筑师并不是墨守成规、食古不化的人。从留存至今的中世纪建筑中可以看出,当时的建筑师能够接受各种各样的建筑风格与理念,建筑类型和建筑形式的多样化远远超过前人。比如维尼奥拉,其在自己的著作中为古典柱式制定出严格规范,但中世纪的建筑师们,包含著作者本人都没有受这些规范的束缚。那时的设计师大都思想独立,设计师通过自己的努力为社会提供了更多的思想观念,它的表征特性成为历史长河中的一种,代表了一种社会理念。整体设计风格为现代人们思考当时的社会状况和历史时事提供了一种思路,让后来者深受其影响。

年轻设计师在关注作品的同时也要关注自身的个性培养,这才是你的设计区别于其他设计的源头。设计师设计个性的形成有多方面的原因,几乎是人生经历的概括体现。通过对设计师及其设计作品的全方位分析可以看出,设计师的个性对其作品有较大影响。从一个人的行为表象,比如字迹、书画中可以感受到此人的思想状态与性格。

对于设计师个性的形成和发展起决定性作用的多为后天的综合因素,如设计师的社会实践、生活经历、教育方式、个人信仰、家庭环境等。当然,设计师设计个性不是一成不变的,当个人生活、社会环境等发生变化时,个人的理想、兴趣发生变化时,设计个性也会随之发生变化。

设计师设计个性一旦形成,虽然相对比较稳定,但是在条件激发之下也是可以改变的。包豪斯设计学校的开创者格罗皮乌斯,其早年和晚年的创作理念就有很大的不同,这些改变甚至影响了世界近现代设计的走向。设计大师的个性改变了一个时代的面貌。而对于年轻设计师来说,个性的改变也是关键的人生节点。环境设计作品不仅是一种个人产物,它还是具有社会效应的重要事物。

由于历代设计师的辛勤努力与奋斗,人们能看到不同风格的建筑,而其中以那些具有鲜明特色的建筑风格与艺术流派最为人所熟知。研究者不难从设计流派以及设计师入手分析他所生活的社会环境背景甚至于个人生活背景,看出其心理变化对其设计的影响。

二、自我概念与环境设计

(一)自我概念的内涵

1. 自我概念的定义

自我概念即一个人对自身存在的体验,它包括一个人通过经验、反省和他人的反馈,逐步加深对自身的了解。自我概念是一个有机的认知机构,由态度、情感、信仰和价值观等组成,贯穿整个经验和行动,并把个体表现出来的各种特定习惯、能力、思想、观点等组织起来。

历史上,自我概念具有各种不同的含义,主要原因在于这个概念源自多种学科。哲学和神学强调自我是道德选择和责任感的场所;临床心理学和人本主义心理学强调自我是个体独特性和神经症的根源;社会学强调语言与社会的相互作用是自我实现并得以保持的基础,实验社会心理学强调自我是认知组织、印象处理和动机激发的源泉。

关于自我概念的解释,存在以下两种观点。

第一,自我概念是一个把个性统一成连贯综合系统的有机过程,包括防御机制、知觉习惯和态度。

第二,自我概念是知觉的客体,也即个体能在其知觉体验中感到的东西。后来,人们把前者称作自我系统,把后者称作自我概念。其实在讨论自我概念时,很难把两者区分开来。

弗洛伊德以及早期的精神分析理论家用"ego(自我)"表示自我概念,意指人格的一个有机方面,后来许多精神分析学家也仿效这种做法,在精神分析理论中,"超我"的概念包括自我评价、自我判断和自尊。尤其是自尊,涉及自我知觉的某些方面,这些方面与个体在多大程度上喜欢或不喜欢自我中感知到的东西有关。正如心理学家 M. 谢里夫所说:"在许多方面,自我概念与ego(自我)是同义的,虽然心理学家喜欢使用后一个术语,但社会学家则喜欢使用前一个术语。"

詹姆斯于 1890 年把自我区分为作为经验客体的"我(me)"和作为环境中主动行动者的我。作为经验客体的"我"包括以下三种不同形式。

第一,精神的我,由个人目标、抱负和信念等组成。

第二,物质的我,指个人的身体及其属性。

第三,社会的我,即他人所看到的我。

大部分关于自我概念的研究都集中在自我尊重上,即自我尊重因果关系及自我尊重和人格与行为之间的关系上。现在,自我概念的其他方面也引起了人们的关注。其中最明显的是:自我表达的动力学,及自然主义和实验背景下对印象的控制,特定的同一性的发展及其结果,包括性行为、种族群体、行为异常和年龄特征等;历史社会结构对自我概念形成的影响包括战争、经济萧条、文化变迁和组织的复杂性;自我概念对社会结构和社会环境的影响。

在 20 世纪 40 年代,莱基和罗杰斯阐述了自我概念。他们关注自我概念的感知方面和自尊的评估成分。罗杰斯将自己区分为实际感知自我(真实自我)和作为理想中的自我(理想自我)。他认为两者都可以衡量,并且是一个有其自身特点的有用概念,真正的自我被置于理想自我之下,真正的自我和理想的自我之间的差异代表了个人的心理依从性指数。理想自我引起适当层次的自重和有关目的定向的乐观主义,并激发对社会的成就感和适应感。在这里,真实的自我强调个人主观经验的心理重要性。因此,与逻辑实证主义和科学经验主义相比,它符合存在主义和现象学的基本原则。

在苏联社会心理学中,人们把自我概念区分为四种类别,具体如下。

第一,现实的我,指个人对现在的我的看法。

第二,理想的我,指个人认为自己应当成为的人。

第三,动力的我,指个人努力成为的人。

第四,幻想的我,指如果可能的话个人希望成为的人。

2. 自我概念的组成

自我概念由三部分组成,即反思评价、社会比较和自我感觉。

（1）反思评价

反思评价是人们从他人那里获得的信息。如果你年轻时获得积极的评价,你会有一个良好的自我概念。如果这种评价是消极的,你的自我概念可能会感觉糟糕。例如,在学期开始时,如果老师对孩子说,你一定会成为一个有作为的人,那么这个孩子听了以后,一定会好好学习回报老师的肯定。如果老师说你以后肯定没什么作为,你可能对此有负面想法,总觉得无论如何,都做不好,懒惰也无所谓。

（2）社会比较

在生活和工作中,人们通常通过与他人比较来确定自己的标准。这是一个社会比较。例如,在学校,当考试成绩出来时,你会想了解自己的同桌多少分,以及你自己的朋友有多少分。当步入社会时,又会和同事比较吃的穿的房子车子等,如果你有一个孩子,你比你的孩子是否比别人的孩子聪明有礼貌。当你是领导者并管理一个单位时,你可以将它与其他组织进行比较。无论从出生到成长,从家庭到社会,从学习到工作,都是关于在社会比较中发展和丰富自我概念。

（3）自我感觉

当你年轻时,你的大部分知识来自人们对你的反应。然而,在你生命中的某个时刻,你开始以自己的方式看待自己。这种看自己的方式被称为自我感觉。

如果从成功经验中获得自信,自我感觉会变得更好,自我概念将会得到改善。例如,通过自己的能力安装和调试计算机,你对自己感觉非常好,也就是说,该功能可以改善你的感受。

3. 自我概念的作用

（1）保持自我看法一致性（自我引导作用）

个人需要以符合自我意识的方式行事。自我概念在指导一致行为方面发挥着重要作用。自我概念积极的受众,成就动机、学习输入和表现显著优于自我概念的被动受众。对不良道德受众的研究也证明,受众对其声誉和道德地位的自我概念与其行为的自律直接相关。当受众认为自己的声誉差,被认为道德品质差时,他们会放松自律行为甚至破罐子破摔。显然,通过保持内部一致性的机制,自我概念实际上在指导个体行为中发挥作用。从这个意义上说,在儿童青少年的发展过程中,引导他们形成积极的自我概念对于"学习做人"具有非常重要的意义。

（2）解释系统的作用（自我解释作用）

个人经验的重要性取决于个人的自我概念。每种经历也都是特定的个体。不同的人可能会得到完全相同的体验,但他们对这种体验的解释可能会有很大的不同。个人自我满足的程度不仅仅取决于他的成功程度,还取决于他的雄心壮志以及个人如何解释个人成功的意义。

自我概念的形成是儿童社会化的一个重要方面,引导孩子在开始时候形成一个积极的自我概念是一个先进的教育方向。自我概念就像一个过滤器,进入心理世界的每一种意识都必须通过这个过滤器。当感知通过这个过滤器时,它被赋予意义,并且给出的含义高度取决于个体已经形成的自我概念。

（3）决定着人们的期望（自我期望作用）

1982 年,心理学家伯恩斯指出,儿童对自己的期望是基于自我概念发展的,并与自我概念一致,其后续行为也取决于自我概念的本质。自我概念积极的受众,他对自己抱有高度期望,当他取得好成绩时,他认为这是一件预期的事情,而好的结果正是他所期望的。自我概念消极的受众,当他取得不好的成绩时,认为这是一个预期的事情,如果他偶尔做出好成绩,他会很高兴。反过来,糟糕的表现加强了他的消极自我,形成一个恶性循环。负面的自我概念不仅触发负面的自我期望,而且也决定了人们只能期待外部社会的负面评价和待遇,它决定了他们已经准备好了行为的消极后果,并且也决定了他们不愿意更加努力地学习,学习对他们不再有吸引力,失去了信心和兴趣。

自我概念具有预测自我实现的功能,因为自我概念触发符合其本性或自我支持的期望,并且使人们倾向于使用可导致实现这种期望的行为。

（4）引导成败归因的作用（自我成败归因作用）

社会心理学家海德和温纳提出并建立了一套归因理论,从个人自身的角度解释他的行为。温纳的自我归因理论认为,动机不是个人品格,而只是刺激事件和个人在处理事件时的行为之间的中介,当一个人处理了刺激事件时,个人将根据他的成功或失败经验并参考他所知道的一切,归因于自己的行为的六个方面,具体如下。

第一,能力——根据自己的评价,个人应付此项工作是否有足够的能力。

第二,努力——个人反省此次工作是否尽了最大努力。

第三,工作难度——凭个人经验,对此次工作感到困难还是容易。

第四,运气——个人自认为此次工作成败是否与运气好坏有关。

第五,身心状况——凭个人感觉工作当时的心情及身体健康状况。

第六,别人反应——在工作当时及以后别人对自己工作表现的态度。

工作成功或失败的归因会影响个人以后从事类似工作的动

机。一个人有积极的自我概念,相信自己的努力,将自己的成功归因于自己的努力,归因于他的关心或疏忽,并主观地寻找原因。一切都取决于他的主观努力,他的命运就在他自己手中,形成积极的控制信念,可以提高人们的自我实现能力。

（二）自我概念与环境设计表达

1. 自我形象与环境意象的一致性

自我形象,就是通常所说的自己在别人眼中的形象或印象。自我形象的树立,是一个外力与内力综合作用的构筑过程。受众通常希望自己所处的场所与自身的身份地位是协调的。因此,环境设计的定位应当考虑与受众的自我形象设定相一致。

2. 运用自我概念为环境设计定位

受众的自我概念也适用于环境与场所的设计。在受众的印象里,有些环境场所是与他们的自我相适应的,而另一些场所是不适应他们的自我定位。比如,低层群体会排斥高档的消费场所,而高层次的群体也抗拒到农贸市场或集市去购物。这些都是自我概念在起作用。环境设计必须找出目标群体的自我概念,并在环境设计过程中进行恰当的应用。

3. "自我延伸"解读和环境设计表达

意大利有一种说法,住所和食物是自我的延伸。因此,所有的环境场所应该是环境内居住者个人的自我的延伸。因而,在设计过程中,如何让居住者感受到环境对他的自我的延伸效应,成了环境设计师隐含的工作内容。环境设计师应该努力感知、理解和分析居住者的自我概念和自我形象,并在设计案例中反映出来,以便通过将这种自我形象延伸到更广泛和更深层次。

4. 填补"理想自我"与"现实自我"之间的差距

每个人都有一个现实的自我和理想的自我。就正常人而言,二者是有机联系的。现实自我决定着个人如何选择理想自我,理想自我为发展真实自我提供了指导和动力。

对于神经症患者,两者之间的关系完全不同。心理学家霍尼指出,由于父母的不当对待,如冷漠、排斥、敌意和羞辱等,导致个人自我扭曲的印象和对自己现实的负面评价。他们认为真实的自我是低下的,人们是不敬的;相反,理想的自我是完美的,被认可被接受的。理想的自我绝不是延伸那可鄙的现实自我。通过这种方式,一端是真正的自我,是毫无价值和笨拙的;另一端是一个美丽但充满幻想的理想自我。所以,在一些人中,真实的自我和理想的自我有很大的区别。

简而言之,真正的自我是责任,理想的自我就是梦想。通常,人们对自己有很多期望,这些构成了人们心中的理想自我,而实际的自我往往与理想的自我存在巨大的差距,从而使其显得过于自信或自卑,难以正面认识自己,接受自己,进而自我提升。人类总是试图在理想的自我和真实的自我之间找到平衡点。

设计师不仅要充分考虑普通人的理想自我与现实自我的关系,也要在必要的时候考虑神经症患者的理想自我与现实自我的巨大差距。在做不同类型的场所的环境设计时,努力去缩小两者之间的差距,进而抚平因这种落差造成的心理伤痛。

(三)自我概念与环境设计伦理

设计伦理学对于现代设计师来说并不是一个陌生的名词,设计伦理就是要求设计中必须综合考虑人、环境、资源的因素,着眼于长远利益,发扬人性中美的、善的、真的方面,运用伦理学取得人、环境、资源的平衡和协同。

设计师的自我概念与设计伦理是一对相辅相成的概念。这种相互作用又可以称为相互设计伦理。早在20世纪60年代末维克多·巴巴纳克就出版了他最著名的书《为真实世界的设计》,他是第一个提出相互设计伦理性的设计理论家,在该书中,巴巴纳克明确提出了设计的三个主要问题,具体如下。

第一,设计应该服务于广大人民,而不仅仅是一些富裕国家。

在这里,他特别强调设计应该服务于第三世界的人们。

第二,设计不仅服务于健康人,还应考虑为残疾人服务。

第三,设计应该切实地考虑地球的有限资源的使用问题,设计应该为保护地球的有限资源满足人类长远居住服务。

从这些观点来看,巴巴纳克的观点清楚地界定了设计伦理在设计中的积极作用。

作为设计艺术在 21 世纪所思考的新艺术设计方向的设计伦理,恰当解决了现代设计艺术处理综合设计关系的问题,并使设计艺术有了实际的理论指导。设计伦理给设计艺术的统一带来的"人性"关系恢复到包豪斯所确立的设计原则,后来被称为"国际主义"风格:"设计的目的是为了人们"来重新呼应设计界的人文精神。

参考文献

[1] 赵长城,顾凡.环境心理学[M].兰州:甘肃人民出版社,1990.

[2] 徐磊青,杨公侠.环境心理学[M].上海:上海同济大学出版社,2002.

[3] 林玉莲,胡正凡.环境心理学[M].北京:中国建筑工业出版社,2006.

[4] 俞国良,王青兰,杨治良.环境心理学[M].北京:人民教育出版社,2000.

[5] 黄希庭.心理学导论[M].北京:人民教育出版社,1991.

[6] 常怀生.环境心理学与室内设计[M].北京:中国建筑工业出版社,2000.

[7] 任文伟,郑师章.人类生态学[M].北京:中国环境科学出版社,2004.

[8] 徐磊青,杨公侠.环境心理学:环境、认知和行为[M].台湾:王南图书出版公司,2005.

[9] 杨星星,宋艳菊.设计心理学[M].北京:国防科技大学出版社,2005.

[10] 陈烜.认知心理学[M].广州:广东高等教育出版社,2006.

[11] 秦晓利.生态心理学[M].上海:上海教育出版社,2006.

[12] 王如松,周鸿.人与生态学[M].昆明:云南人民出版社,2004.

[13] 严进,路长林,刘振全.现代应激理论概述 [M].北京:科学出版社,2008.

[14] 李越,霍涌泉.心理学教程 [M].北京:高等教育出版社,2003.

[15] 王甦,汪安圣.认知心理学 [M].北京:北京大学出版社,1992.

[16] 张世富.心理学 [M].北京:人民教育出版社,1988.

[17] 石谦飞.建筑环境与建筑环境心理学 [M].太原:山西古籍出版社,2001.

[18] 车文博.西方心理学史 [M].杭州:浙江教育出版社,1998.

[19] 乐国安.论现代认知心理学 [M].哈尔滨:黑龙江人民出版社,1986.

[20] 高觉敷.西方近代心理学史 [M].北京:人民教育出版社,1982.

[21] 保罗·贝尔.环境心理学 [M].朱建军,等译.北京:中国人民大学出版社,2009.